Android 程序设计项目教程
（微课版）

主编　方　敏

副主编　王想芝　陈　冬　卫五波

清华大学出版社

北　京

内 容 简 介

本书采用项目实战式教学，通过构建内容通俗易懂、实用性强的案例，对 Android 基础知识进行全面讲解。全书共分为 5 章，第 1 章为应用基础，介绍了 Android 系统架构及开发工具的使用；第 2 章至第 5 章通过实战项目，讲述 Android 的应用技术，其中，第 2 章介绍了 Android UI 设计、事件及多用户界面；第 3 章介绍了 ListView 和 RecyclerView 等高级控件、AudioManager 多媒体以及 Fragment 和 ViewPage 的使用；第 4 章介绍了数据存储及数据通信技术，包括四大组件之间的数据交互和多媒体技术；第 5 章介绍了网络编程及开发管理工具。在每个实战项目中均合理设计了实现技术，并结合最新的 Android 技术进行了适度的拓展。本书配套同步讲解视频、教学课件等资源。

本书既可作为高职高专软件及计算机相关专业的教材，也可作为培训机构的教程，同时也是一本适合 Android 移动开发初学者的自学参考用书。

图书在版编目（CIP）数据

Android 程序设计项目教程：微课版 / 方敏主编. —北京：清华大学出版社，2022.2
ISBN 978-7-302-59809-1

Ⅰ. ①A… Ⅱ. ①方… Ⅲ. ①移动终端—应用程序—程序设计—教材 Ⅳ. ①TN929.53

中国版本图书馆 CIP 数据核字（2022）第 001007 号

责任编辑：贾小红
封面设计：飞鸟互娱
版式设计：文森时代
责任校对：马军令
责任印制：朱雨萌

出版发行：清华大学出版社
　　　　网　　　址：http://www.tup.com.cn, http://www.wqbook.com
　　　　地　　　址：北京清华大学学研大厦 A 座　　　　邮　　编：100084
　　　　社 总 机：010-83470000　　　　邮　　购：010-62786544
　　　　投稿与读者服务：010-62776969, c-service@tup.tsinghua.edu.cn
　　　　质量反馈：010-62772015, zhiliang@tup.tsinghua.edu.cn
印 装 者：三河市天利华印刷装订有限公司
经　　销：全国新华书店
开　　本：185mm×260mm　　　　印　　张：14.75　　　　字　　数：395 千字
版　　次：2022 年 3 月第 1 版　　　　印　　次：2022 年 3 月第 1 次印刷
定　　价：56.00 元

产品编号：092336-01

前　言

　　Android 是 Google 公司推出的开源操作系统，经过短短几年的发展和推广，它已成为当前移动设备的主流操作系统，市场占用率达到 80%以上。面对这样的市场需求，越来越多的开发者学习 Android 移动开发技术，以寻求更大的发展空间。

　　本书以 4 个完整的 Android 项目开发流程为主线，先讲解项目体系及项目涉及的知识点，再按照项目的功能模块和 Android 项目开发的工作过程，以预备知识为基础，逐步实现项目任务。全书采用"项目分析"→"预备知识讲解"→"小案例模仿"→"项目创新实现"的教学思路组织教学内容，知识由浅入深，案例浅显易懂，项目实用性强，让读者在完成项目的过程中学习 Android 移动开发知识。

　　本书的特色在于设计了 4 个实用性强、知识体系完整、可操作性强的入门级 Android 项目，覆盖了 Android 移动开发技术的大部分知识点，以培养读者的职业能力为核心，从项目设计、代码规范、行业要求、工具拓展以及工匠精神等多角度开展教学，实现了教学过程与 Android 项目开发过程的结合、教学内容与岗位要求的结合、教材模仿与课外创新相结合的教学目标。编者站在初学者的认知角度设计了全书内容。

　　本书作为教材使用时，课堂教学建议采用 36 学时，上机指导教学建议采用 28 学时，教师可以根据教学实际情况对学时进行调整，建议学时分配如下表所示。

本书主要内容及学时分配

章	主 要 内 容	课 堂 学 时	上 机 指 导
第 1 章	Android 操作系统的发展历程 Android 应用开发环境搭建 Android Studio 的使用 Android Studio 项目目录结构	2	2
第 2 章	Android 基本 UI 控件 Android 常用 UI 布局 事件监听实现方式 活动之间的信使 Intent 活动之间数据传递	8	6
第 3 章	ListView 控件和 RecyclerView 控件 MediaPlayer 控件 Fragment 基础 ViewPager 控件	8	6
第 4 章	SharedPreferences 存储、文件存储、数据库存储 Service 服务 Broadcast 广播 四大组件数据通信 图像 2D 绘制 多媒体音频、视频及摄像头拍照	8	6

章	主 要 内 容	课 堂 学 时	上 机 指 导
第 5 章	版本控制工具 Git 网络请求 Handler 消息机制 图片加载库 Glide SwiperRefreshLayout 控件 WebView	10	8

本书由方敏、王想芝、陈冬、卫五波共同编写，其中方敏编写第 4 章，王想芝编写第 1、2章，陈冬编写第 3 章，卫五波编写第 5 章。全书由方敏统稿并负责内容规划、编排。

本书配备了完善的教学资源，包括课件、源代码、微课视频等，读者可扫书中二维码观看知识点讲解，并扫本书封底上的云盘二维码获取其他资源。由于编者水平有限，书中难免存在疏漏之处，恳请广大读者批评指正。

编 者

2022 年 1 月

目　　录

第1章　Android 应用开发基础

学习目标

（1）了解 Android 应用开发历程。

（2）了解 Android 应用开发框架。

（3）能够搭建 Android 应用开发环境。

（4）熟悉 Android Studio 开发环境。

（5）掌握 Android 应用项目目录结构。

1.1　Android 系统的发展历程

Android 系统开始并不是由 Google 研发出来的，Android 操作系统最初由安迪·鲁宾（Andy Rubin）开发，并在 2003 年 10 月创立了手机操作系统公司；该公司 2005 年 8 月 17 日 Google 以 4000 万美元收购该公司并注资。自此，Android 由 Google 和开放手机联盟领导。

Google 收购 Android 公司后，开始研发 Android 系统。Android 系统的负责人也就是原 Android 公司的 CEO 安迪·鲁宾，并购后成为了 Google 公司的工程部副总裁，继续负责 Android 项目的研发工作；2007 年 11 月 5 日，Google 公司正式向外界展示了这款名为 Android 的操作系统，也就正式对外公布了 Android 手机系统平台，并且还宣布建立一个由 34 家手机制造商、软件开发商、电信运营商以及芯片制造商共同组成的全球性联盟组织。这一联盟将支持 Google 发布的手机操作系统以及应用软件，并将共同开发 Android 系统的开放源代码。

2008 年 9 月，Google 正式发布了第一个 Android 系统，即 Android 1.0 系统。系统发布后不久，运营商 T-Mobile 定制了一款搭载 Android 1.0 系统的手机，这款手机就是 T-Mobile G1，它成为了世界上第一款使用 Android 操作系统的手机。这款手机采用了 3.17 英寸 480×320 分辨率的屏幕，手机内置 528MHz 处理器，拥有 192MB RAM 以及 256MB ROM。当时，智能手机领域还是大家熟知的诺基亚的天下，诺基亚手机搭载的是 Symbian 系统，Symbian 系统在当时的智能手机市场中占有绝对优势；因此，Google 发布的 Android 1.0 系统并没有被外界看好。

2009 年 4 月，Google 正式发布 Andorid 1.5 系统，该系统与 Android 1.0 系统相比有了很大改进；支持拍摄和播放影片，支持立体声蓝牙耳机，提供屏幕虚拟键盘，提供应用程序自动旋转屏幕等功能。从此 Google 开始将 Android 系统版本以甜品的名字命名，Android 1.5 被命名为 Cupcake（纸杯蛋糕）。同年 9 月，Google 又正式发布了 Android 1.6 系统的正式版本，该版本被命名为 Donut（甜甜圈），该系统支持 CDMA 网络、文字转语音、虚拟私人网络、更多的屏幕分辨率等功能。与此同时，Google 还推出了搭载该系统的手机 HTC Hero（G3），该款手机采用 Sense 界面，运行流畅，凭借其出色的外观设计以及 Android 1.6 操作系统，该款手机成为当时全球最受欢迎的手机。Android 1.6 系统之后，Android 系统主要版本的发展历程如表 1-1 所示。

表 1-1　Android 系统主要版本的发展历程

发 布 日 期	发 布 版 本	版 本 名 称	API 级别
2009 年 10 月	Android 2.0	Eclair（松饼）	5
2010 年 1 月	Android 2.1	Eclair（松饼）	7
2010 年 5 月	Android 2.2	Froyo（冻酸奶）	8
2010 年 12 月	Android 2.3	Gingerbread（姜饼）	9
2011 年 2 月	Android 3.0	Honeycomb（蜂巢）	11
2011 年 10 月	Android 4.0	Ice Cream Sandwich（冰淇淋三明治）	14
2012 年 7 月	Android 4.1	Jelly Bean（果冻豆）	16
2013 年 10 月	Android 4.4	KitKat（奇巧巧克力）	19
2014 年 11 月	Android 5.0	Lollipop（棒棒糖）	21
2015 年 3 月	Android 5.1	Lollipop（棒棒糖）	22
2015 年 10 月	Android 6.0	Marshmallow（棉花糖）	23
2016 年 8 月	Android 7.0	Nougat（牛轧糖）	24
2016 年 10 月	Android 7.1	Nougat（牛轧糖）	25
2017 年 8 月	Android 8.0	Oreo（奥利奥）	26
2017 年 12 月	Android 8.1	Oreo（奥利奥）	27
2018 年 8 月	Android 9.0	Pie（馅饼）	28
2019 年 6 月	Android 10	Android 10.0(Q)	29
2020 年 9 月	Android 11	Red Velvet Cake（红色天鹅绒蛋糕）	30
2021 年 6 月	Android 12 Beta	Snow Cone（刨冰）	31

Android 12 Beta 是目前最新的 Android 系统版本，面向开发者引入了一些出色的新功能和 API。例如，在安全和隐私方面的功能有隐藏应用叠加窗口，设备属性认证，安全锁定屏幕通知操作、蓝牙权限、隐私信息中心等；在存储方面的功能有语音录音的新目录，媒体管理访问权限以及应用存储访问权限等功能；连接性方面的功能有配套应用保持唤醒状态、带宽估测改进、Wi-Fi 感知（NAN）增强功能以及配套设备管理器配置文件等；在媒体方面的功能有兼容的媒体转码、MediaDrm 更新、视频编码改进、性能等级以及音频焦点等功能；在摄像头方面的功能有 Quad Bayer 摄像头传感器支持；图形和图片方面的功能有更简单的模糊处理、颜色滤镜及其他效果、AVIF 图片支持以及应用能够直接访问 Tombstone 跟踪记录等；在用户体验方面的功能有圆角 API、画中画（PIP）改进、音频耦合触感反馈效果、富媒体内容插入、沉浸模式下的手势导航改进以及通知的丰富图片支持等。详细说明可参考官方文档：https://developer.android.google.cn/about/versions/12/summary。

1.2　Android 系统框架

Android 系统是基于 Linux 内核，使用了 Google 公司自己开发的 Dalvik Java 虚拟机，应用 Java 开发的轻量级移动操作系统。Google 为 Android 内置了诸多常用的应用，有电话、短信、个人管理、多媒体播放、网页浏览等。如图 1-1 所示，以 Android 系统架构图中可以看出，Android 系统架构为 5 层结构，从上层到下层分别是应用程序层、应用程序框架层、系统运行库层、硬件抽象层 HAL 及 Linux 内核层。

图 1-1　Android 系统架构图

1. 应用程序层

Android 平台不仅仅是操作系统，也包含了许多应用程序；系统应用层包含了 Android 系统自带的一套核心应用，如短信、电话、联系人、日历、图片浏览器、Web 浏览器等应用程序。这些应用程序都是基于 Java 语言编写的；绝大部分是开源并可复用的，可以用开发人员进行二次开发的应用程序所替换；这样，开发人员便可以自行设计和开发功能丰富、用户体验更好的应用，这点不同于其他手机操作系统固化在系统内部的系统软件，使得 Android 移动应用开发更加的灵活和个性化。

2. 应用程序框架层

应用程序框架层通过 API 提供 Android 系统的全部功能，是从事 Android 开发的基础，很多核心应用程序也是通过这一层来实现其核心功能的；开发人员可以直接使用其提供的 API 接口来进行快速的应用程序开发，也可以通过继承来实现个性化的扩展。在该层中 Activity Manager（活动管理器）提供了管理各个应用程序生命周期以及通常的导航回退功能的 API；Window Manager（窗口管理器）提供了管理所有窗口程序相关的 API；Content Provider（内容提供器）提供了应用程序之间数据分享的 API，实现了不同应用程序之间分享数据的功能；View System（视图系统）提供了构建应用程序基本组件的 API；NotificationManager（通告管理器）提供了应用程序通知功能的 API，使得应用程序可以在状态栏中显示自定义的通知信息；Package Manager（包管理器）提供了 Android 系统内的程序管理相关的 API；TelephonyManager（电话管理器）提供了所有移动设备电话相关功能的 API；Resource Manager（资源管理器）提供了应用程序使用的本地化字符串、图片、布局文件、颜色文件等非代码资源；LocationManager（位置管理器），为应用程序提供了位置相关服务的 API。

3. 系统运行库层

系统运行库层包含了一系列原生库，通过 Android 应用程序框架层提供的 API 为开发者提供各种服务。从图 1-1 Android 系统架构图中可以看出，系统运行库层可以分成两部分，一部分是系统库，另一部分是 Android 运行时库。系统库是应用程序框架的支撑，是连接应用程序框架层与 Linux 内核层的重要纽带；在系统库中，Surface Manager 库负责管理显示与存取操作间的互动，以及 2D 绘图与 3D 绘图的显示合成。Media Framework 库支持多种常用的音频、视频格式的录制和回放；SQLite 库提供数据库存储功能；SGL 提供底层的 2D 图形渲染功能；Webkit 库提供浏览器的支持功能；OpenGL ES 库提供 2D/3D 绘画支持；Libc 库从 BSD 继承来的标准 C 系统函数库，专门为基于 Embedded Linux 的设备定制功能。Android 应用程序在 Android 操作系统运行时，执行 App 中的代码，其运行时分为核心库和 Dalvik 虚拟机两部分。核心库提供了 Java 语言 API 中的大多数功能，同时也包含了 Android 的一些核心 API，如 android.os、android.net 等。Dalvik 虚拟机是一种基于寄存器的 Java 虚拟机，而不是传统的基于栈的虚拟机。每个 Android 程序都有一个 Dalivik 虚拟机的实例，并在该实例中执行，Dalvik 虚拟机在 Android 程序运行时提供内存资源使用的优化。

4. 硬件抽象层（HAL）

硬件抽象层包含多个库模块，为上层的 Java API 提供标准的设备硬件功能支持。开发人员通过应用程序框架层提供的 API 访问设备硬件时，Android 系统会为硬件加载相对应的库模块，以此来支持设备硬件功能。

5. Linux 内核层

Android 系统运行于 Linux 内核之上，其核心系统服务如安全性、内存管理、进程管理、网路协议以及驱动模型都依赖于 Linux 内核，主要提供显示驱动、键盘驱动、摄像头驱动、Wi-Fi 驱动、USB 驱动等功能。

视频讲解

1.3　Android 应用开发环境搭建

"工欲善其事，必先利其器"告诉我们要做好一件事的道理。所以，准备工作非常重要。要想进行 Android 应用开发，必须先搭建开发环境。由于 Android 应用开发是基于 Java 语言开发的。所以，Android 应用开发环境的搭建过程主要包括两个部分，一部分是 Java 环境的搭建，另一部分是 Android 环境的搭建。

首先，第一部分 Java 环境的搭建，如果已经学习过 Java 语言程序设计课程且搭建过 Java 环境就可以跳过这一步。如果想检测目前电脑上是否安装了 Java 环境，可以通过本节下面讲述的 Java 环境检测来检测，以确保已经正确安装了 Java 环境。

1. Java 环境的搭建

Java 环境的搭建主要是下载安装以及配置 Java 的 JDK（Java Development Kit），JDK 是 Java 语言的软件开发工具包，用于移动设备、嵌入式设备上的 Java 应用程序开发，是 Java 语言的核心，包含了 Java 的运行环境（JVM+Java 系统类库）和 Java 工具。Java 环境的搭建主要包括如下 4 个步骤。

1）下载 JDK

2009 年 4 月 20 日，Oracle 公司以 74 亿美元的价格正式收购了 Sun 公司，Java 商标也正式归 Oracle 所有，从此 Java 的 JDK 版本由 Oracle 公司开发和发布。通过登录官方网址 https://

www.oracle.com/cn/java/technologies/javase-downloads.html 可下载 Java 的 JDK。将网址复制粘贴到浏览器地址栏，将出现如图 1-2 所示的界面。

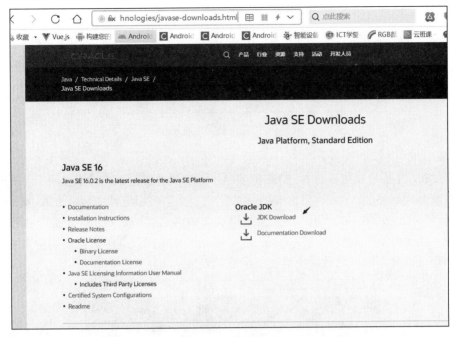

图 1-2　Java JDK 下载官网界面

最上面的是最新的 JDK 版本，当然如果想下载之前的版本，也可以通过拖动侧面下拉滚动条找到其他版本的 JDK，单击 JDK Download 按钮（如图 1-2 中的箭头指示）会跳转到如图 1-3 所示的 JDK 下载资源界面。

Java SE Development Kit 16.0.2

This software is licensed under the Oracle Technology Network License Agreement for Oracle Java SE

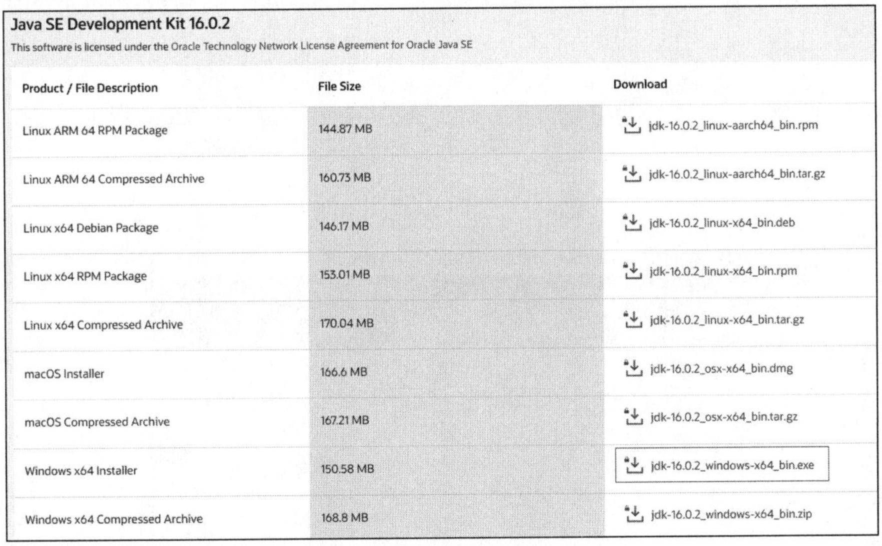

Product / File Description	File Size	Download
Linux ARM 64 RPM Package	144.87 MB	jdk-16.0.2_linux-aarch64_bin.rpm
Linux ARM 64 Compressed Archive	160.73 MB	jdk-16.0.2_linux-aarch64_bin.tar.gz
Linux x64 Debian Package	146.17 MB	jdk-16.0.2_linux-x64_bin.deb
Linux x64 RPM Package	153.01 MB	jdk-16.0.2_linux-x64_bin.rpm
Linux x64 Compressed Archive	170.04 MB	jdk-16.0.2_linux-x64_bin.tar.gz
macOS Installer	166.6 MB	jdk-16.0.2_osx-x64_bin.dmg
macOS Compressed Archive	167.21 MB	jdk-16.0.2_osx-x64_bin.tar.gz
Windows x64 Installer	150.58 MB	jdk-16.0.2_windows-x64_bin.exe
Windows x64 Compressed Archive	168.8 MB	jdk-16.0.2_windows-x64_bin.zip

图 1-3　JDK 下载资源界面

在图 1-3 中，最左列是不同操作系统的版本，最右列是具体的安装包，其中有可执行文件的也有压缩包形式的。例如，选择 Windows 64 位安装包执行文件，如图 1-3 所示的方框部分，单击后出现如图 1-4 所示的对话框，这里要选中 I reviewed and accept the Oracle Technology Network License Agreement for Oracle Java SE 复选框，然后单击下载按钮，按照如图 1-4 所示的

①②两步执行，最后设置下载路径，直到下载完成。

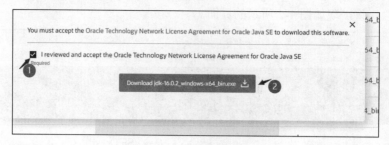

图 1-4　JDK 下载界面提示框

2）安装 JDK

下载好 JDK 之后，就可以进行 JDK 的安装了。首先找到下载的安装文件，双击运行 exe 文件，进入安装向导界面，如图 1-5 所示；单击"下一步"按钮继续安装，进入 Java JDK 软件安装位置选择界面，如图 1-6 所示；这里可以默认安装到 C 盘或者单击"更改"按钮选择合适的安装位置，然后再单击"下一步"按钮；进入 Java JDK 正在安装中后需要等待安装进度条完成，直到出现完成界面就表明此时电脑上已经成功安装了 JDK。

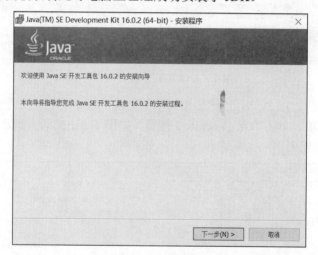

图 1-5　JDK 安装向导界面

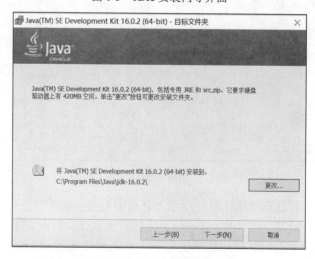

图 1-6　JDK 安装路径选择界面

3）配置 JDK 的环境变量

下载安装了 Java JDK 软件后，如果要使用该软件，还需要配置 JDK 的环境变量。首先在电脑桌面找到"我的电脑"（或者"此电脑"或者"计算机"），右击，在弹出的快捷菜单中选择"属性"命令，弹出"系统属性"对话框，然后选择"高级"选项卡，如图 1-7 所示，单击"环境变量"按钮，进入如图 1-8 所示界面。在"系统变量"列表框中找到 Path 变量，选中后单击"编辑"按钮，进入如图 1-9 所示界面。单击"新建"按钮，将安装的 Java JDK 的路径复制粘贴进去，然后单击"确定"按钮关闭对话框。

图 1-7　"系统属性"对话框

图 1-8　环境变量设置界面

4）检测 Java 环境

安装和配置完成 JDK 后，可以通过命令窗口检测本机中的 JDK 是否可以正常运行。首先打开 Windows 的"运行"对话框（按 Win+R 快捷键），输入 cmd 后按 Enter 键或单击"确定"按钮，如图 1-10 所示。在打开的命令窗口中输入 java -version，如果出现如图 1-11 所示的 Java 版本号等信息，则证明 Java JDK 安装成功。

图 1-9　编辑环境变量界面　　　　　　　图 1-10　"运行"对话框

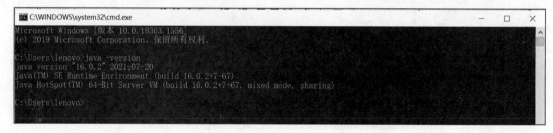

图 1-11　查看 Java 版本号界面

2. Android 环境的搭建

Android 环境搭建主要是开发 Android 应用集成开发环境 Android Studio 的下载和安装、Android SDK 的下载和安装以及 Android 模拟器的安装。这里的 SDK（Software Development Kit）是 Android 软件开发的工具包，是由 Google 开发的用于为特定的软件包、软件框架、硬件平台、操作系统等建立应用软件的开发工具的集合。它提供了 Android API 库和开发工具用于构建、测试和调试应用程序。简单来讲，Android SDK 为开发和运行 Android 应用提供支撑的工具包。自 2015 年以后 Android SDK 不需要单独下载，安装包包括在 Android 应用开发工具 Android Studio 里，所以只需要下载 Android Studio；在安装 Android Stuido 过程中就可以安装 SDK，也可以后续再安装。

1）下载 Android Studio

在 Android 开发官方网站（https://developer.android.google.cn/）上下载 Android Studio 的方法是将网址链接复制到浏览器地址栏，进入网站，选择 Android Studio 命令进入如图 1-12 所示

界面，然后选择 Download options 命令，进入如图 1-13 所示界面，这时可以根据电脑的操作系统选择对应的安装包，这里以 Windows 64 位为例，图中可以看到有两种形式的安装包，一种是 exe 文件类型，一种是压缩包类型，建议下载 exe 类型的。选中要安装的安装包，根据提示下载到本地电脑指定路径即可。

https://developer.android.google.cn/st
developers
平台
Android Studio
Google Play
Jetpack
文档
更多
搜索
中文
下载
新变化
用户指南
预览
android studio
Android Studio provides the fastest tools for building apps on every type of Android device.
Download Android Studio
2020.3.1 for Windows 64-bit (913 MiB)
Download options
Release notes

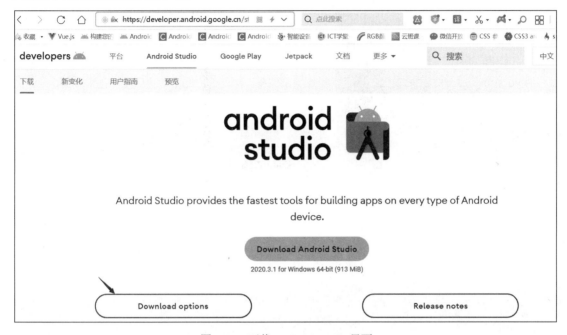

图 1-12　下载 Android Studio 界面

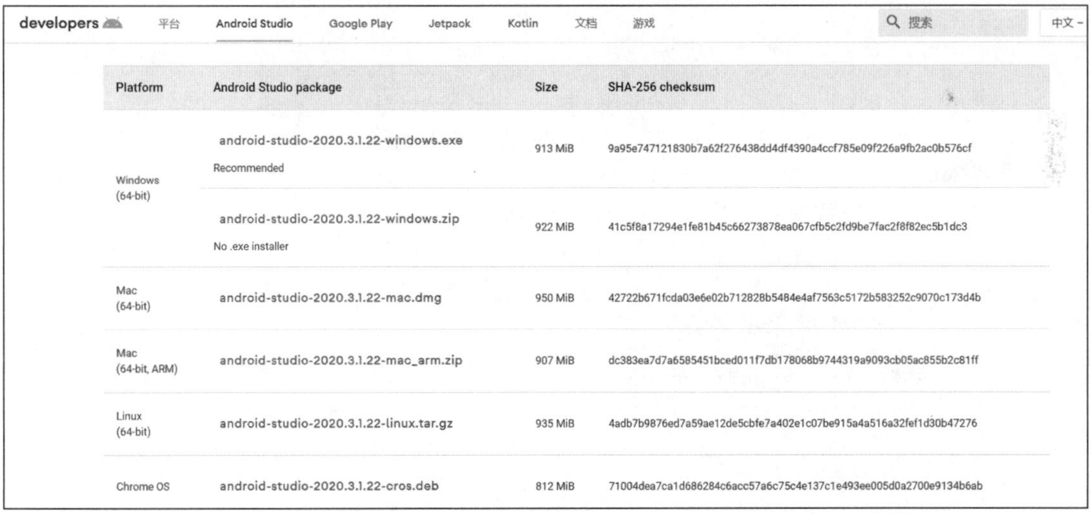

developers
平台
Android Studio
Google Play
Jetpack
Kotlin
文档
游戏
搜索
中文
Platform
Android Studio package
Size
SHA-256 checksum
Windows (64-bit)
android-studio-2020.3.1.22-windows.exe
Recommended
913 MiB
9a95e747121830b7a62f276438dd4df4390a4ccf785e09f226a9fb2ac0b576cf
android-studio-2020.3.1.22-windows.zip
No .exe installer
922 MiB
41c5f8a17294e1fe81b45c66273878ea067cfb5c2fd9be7fac2f8f82ec5b1dc3
Mac (64-bit)
android-studio-2020.3.1.22-mac.dmg
950 MiB
42722b671fcda03e6e02b712828b5484e4af7563c5172b583252c9070c173d4b
Mac (64-bit, ARM)
android-studio-2020.3.1.22-mac_arm.zip
907 MiB
dc383ea7d7a6585451bced011f7db178068b9744319a9093cb05ac855b2c81ff
Linux (64-bit)
android-studio-2020.3.1.22-linux.tar.gz
935 MiB
4adb7b9876ed7a59ae12de5cbfe7a402e1c07be915a4a516a32fef1d30b47276
Chrome OS
android-studio-2020.3.1.22-cros.deb
812 MiB
71004dea7ca1d686284c6acc57a6c75c4e137c1e493ee005d0a2700e9134b6ab

图 1-13　Android Studio 安装文件下载界面

2）安装 Android Studio 和 Android SDK

根据已下载的路径，找到 Android Studio 的安装包，双击 exe 文件进行安装，在如图 1-14 所示界面，一直单击 Next 按钮进入如图 1-15 所示界面，提示的默认安装路径是 C 盘，也可以修改为其他路径，如图 1-15 所示修改后的路径是 D:\Android\Android Studio。最后单击 Next 按钮进入如图 1-16 所示的安装界面。

图 1-14　Android Studio 安装向导界面

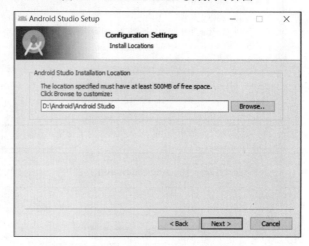

图 1-15　Android Studio 安装路径设置界面

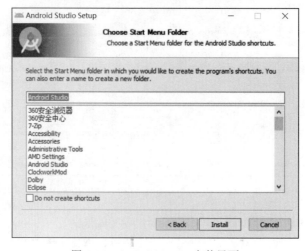

图 1-16　Android Studio 安装界面

在安装界面中单击 Install 按钮进行安装，安装过程一般需要几分钟。安装完成后，单击 Next 按钮将会进入完成界面，到此 Android Studio 安装完成；安装完成后默认启动 Android Studio，单击 Finish 按钮即可启动 Android Studio。在弹出的提示框中根据默认选项即可进入如图 1-17

所示的开发环境完成下载安装 SDK 以及模拟器的工作，同样按照默认选项单击 Next 按钮进行下载和安装即可，也可以单击 Cancel 按钮选择取消，进入如图 1-18 所示的 Android Studio 欢迎界面，创建一个新的应用，如果没有下载安装 SDK 会出现如图 1-19 所示的提示对话框，单击 Open SDK Manager 按钮，选择如图 1-20 所示的命令进入如图 1-21 所示的设置 SDK 路径界面，单击 Next 按钮即可完成 SDK 的下载和安装，注意该过程需要网络畅通，如果遇到下载错误，请在网络好的情况下重复上述操作。

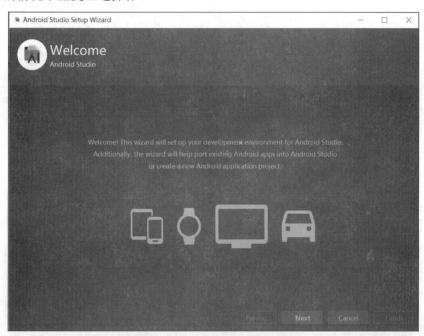

图 1-17　安装 SDK 及模拟器向导

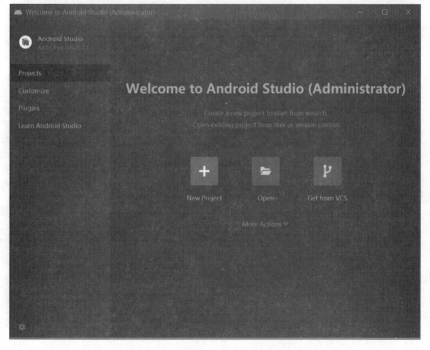

图 1-18　Android Studio 欢迎界面

图 1-19　提示 SDK 缺失的对话框

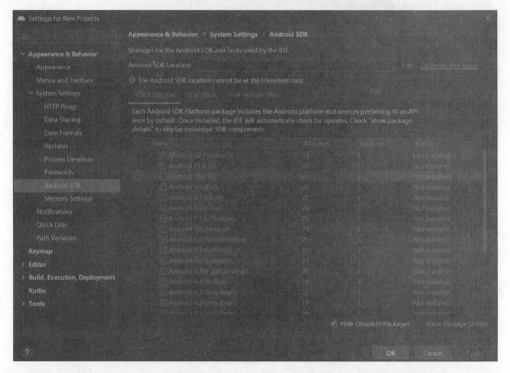

图 1-20　Android SDK 设置界面

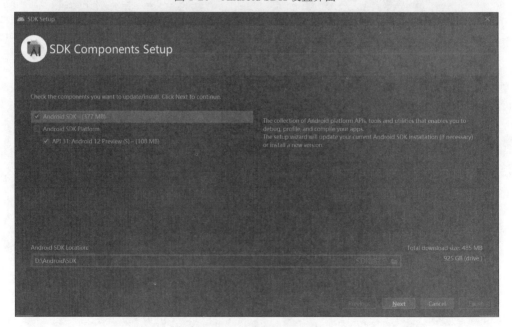

图 1-21　设置 SDK 路径

　　完成 SDK 的安装后 Android Studio 会提示创建一个新的项目,可以根据默认设置创建 Emtpy Activity,单击 Next 按钮,进入如图 1-22 所示创建项目界面。在该界面需要输入要创建项目的名称、包名以及项目存放的路径,单击 Finish 按钮即可完成第一个项目的创建,进入工程界面,这里需要注意,可能在创建过程中需要下载其他编译资源,请确保网络畅通,并且时间可能要久一点,请耐心等待,直到界面静止,没有运行的任务。

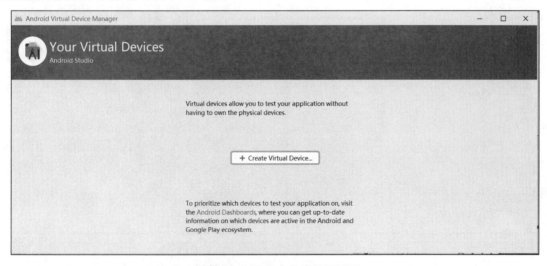

图 1-22　创建项目界面

3)安装 Android 模拟器

　　Android 模拟器包含在 Android Studio 中,选择 Android Studio 主界面的工具栏里的 Tools→ AVD Manager 命令进入创建模拟器界面,选择 Create Virtual Device 命令按照提示为自己的模拟器选择设备的 Hardware 和 System Image,最后单击 Finish 按钮进入下载和安装模拟器界面,该过程需要保持网络畅通,如图 1-23 所示。

图 1-23　下载和安装模拟器界面

模拟器创建完成后，可以看到在 Android Studio 工具栏里出现的模拟器的名字，单击旁边的绿色三角形下拉按钮即可将创建的第一个应用运行到模拟器里，模拟器里会显示"Hello World!"的文本内容，如图 1-24 所示。

图 1-24　模拟器显示

由于模拟器运行起来比较占内存，导致电脑缓慢，建议大家用 Android 真机进行调试，真机调试只需要将开发者模式打开（打开开发者模式的方法：手机→设置→关于手机，找到版本号，连续单击会提示已打开。不同的手机型号找版本号的方式不同，请读者根据手机型号进行查找），用 USB 将手机与电脑相连，然后选择如图 1-25 所示的 Troubleshoot Device Connections 命令，根据向导即可显示手机的名称。

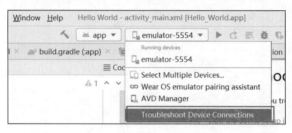

图 1-25　设备链接向导

视频讲解

1.4　Android Studio 介绍

Android Studio 是开发 Android 应用的官方集成开发环境，要在其环境下开发 Android 应用，就要熟悉最基本的功能。Android Studio 的主界面如图 1-26 所示。

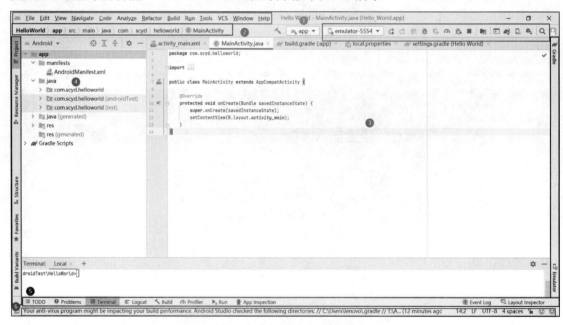

图 1-26　Android Studio 主界面

（1）菜单栏：提供各种操作的工具，包括编译、运行应用和启动 Android 工具。这里最主要的几个菜单项有 File（文件），主要用来创建导入导出工程以及相关的设置等。这里特别值得一提的是，选择 File→Settings 命令可以查看各种设置情况。例如，如图 1-27 所示设置字体的大小和样式。还有值得注意的是菜单项中 Build 命令用来编译项目，很多时候如果编写的代码没有体现可以选择 Build→Clean Project 命令即可解决，Tools 菜单项提供了 Android 平台其他工具，如模拟器等。

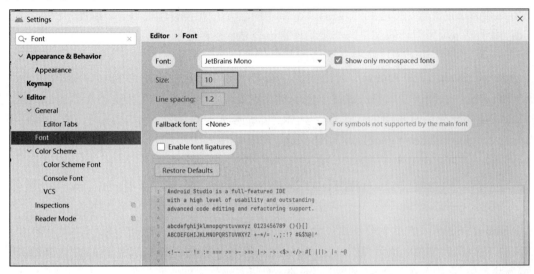

图 1-27　设置字体的大小和样式

（2）导航栏：导航栏提供 Project 窗口中项目结构的精简视图，在这里既可以打开文件也可以对文件进行修改。

（3）编辑器窗口：在这里可以对代码进行编辑，即创建和修改代码。编辑器这部分显示与当前打开文件类型有关。如果编辑类文件就是如图 1-26 所示的界面，则打开布局文件，查看布局文件时，该编辑器会显示布局编辑器如图 1-28 所示，这里可以选择 Split 模式，单击右侧的 Layout Validation 可以实时阅览布局界面显示情况，以便迅速调整界面设计，在实际开发应用中，不必每次都运行到手机上来查看效果，非常实用。

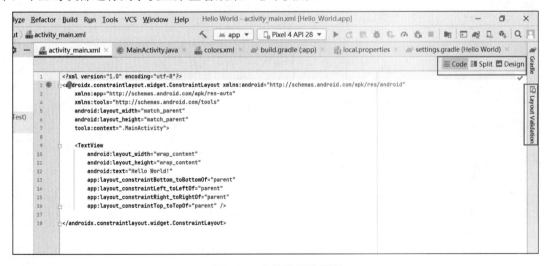

图 1-28　布局编辑器界面

（4）项目管理工具窗口：这里主要用来展示项目结构，该窗口可以展开也可以折叠。

（5）工具窗口栏：在窗口的外部运行，包含可用于展开或折叠工具窗口的按钮。例如，左上的 Project 按钮单击即可展开项目目录结构。下侧的几个工具项有 TODO 查看工程里需要 TODO 的地方。Terminal 提供终端编译功能，可以在命令行输入 gradlew aR 编译并打 Release 的包，执行完成后会将工程打成 Release 版本的 apk，如果编译失败可以查看提示以便修改，如果是编译资源相关的文件下载失败的错误，可以检查网络，确保网络正常的情况下再次进行编译，有时候这个方法也能解决你遇到的问题。Logcat 用来查看应用里打印的日志，以便分析处理问题。Build：用于显示项目编译的结果，如果编译错误会显示错误信息，供开发人员修改并解决。

（6）状态栏：显示项目状态、警告或其他消息以及 IDE 的相关信息。

Android Studio 作为 Android 应用的官方集成开发环境，提供很多可提高 Android 应用构建效率的功能，也提供了很多快捷键以便于构建项目，这里仅仅简单讲解下 Android Studio 的界面，以及开发应用时常用的工具项，具体详细的信息请大家登录官方网站，查阅用户指南（https://developer.android.google.cn/studio/intro）。

1.5　Android Studio 项目目录结构

视频讲解

Android Studio 中的每个项目都包含多个源代码文件和资源文件，可以从创建项目的磁盘路径下查看每个项目文件，也可以在 Android Studio 的 Project 工具项里选择 Project 来查看，作为程序开发人员，只需要关注 Android 模式下的文件即可，如图 1-29 所示界面中选择的是 Android。下面重点讲解 Android 模式下的目录结构。

从最顶端来看每个项目都有一个 app 文件夹和 Gradle Scripts 的相关文件，其中 Gradle Scripts 的相关文件主要用于编译 Android 应用相关配置，构建应用，一般不需要修改。值得一提的是 build.gradle 文件，可以打开 build.gradle（Module 模式下）的文件了解 App 的相关配置，文件代码如图 1-30 所示。

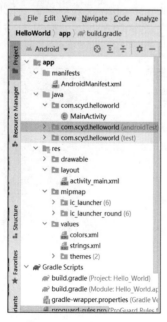

图 1-29　项目目录结构　　　　　　　　　　图 1-30　build.gradle（Module 模式下）文件

作为 Android 应用开发人员，了解的重点是 app 文件夹，在该文件夹下有 3 个重要的文件夹，分别是 manifests 文件夹、java 文件夹以及 res 文件夹。

manifests 文件夹存放有 AndroidManifest.xml 文件，这个文件是 Android 应用的入口文件，每个 Android 程序中必须有的文件，也称为应用清单文件，它描述了应用及其各个组件的性质，向 Android 构建工具、Android 操作系统和 Google Play 提供应用的基本信息，开发人员每天都在使用这个文件，配置程序运行所必要的组件、权限以及一些相关信息。例如，声明程序中的 Activities、ContentProviders、Services 和 Intent Receivers 等。AndroidManifest.xml 文件最基本的代码结构如下。

```
1   <?xml version="1.0" encoding="utf-8"?>
2   <manifest xmlns:android="http://schemas.android.com/apk/res/android"
3       package="com.scyd.helloworldapplication" >
4       <application
5           android:allowBackup="true"
6           android:icon="@mipmap/ic_launcher"
7           android:label="@string/app_name"
8           android:roundIcon="@mipmap/ic_launcher_round"
9           android:supportsRtl="true"
10          android:theme="@style/Theme.HelloWorldApplication" >
11          <activity android:name=".MainActivity" >
12              <intent-filter>
13                  <action android:name="android.intent.action.MAIN" />
14                  <category android:name="android.intent.category.LAUNCHER" />
15              </intent-filter>
16          </activity>
17      </application>
18  </manifest>
```

从上述代码看，AndroidManifest.xml 文件里有<manifest>根元素、<application>标签以及<activity>标签。<manifest>根元素里必须包含应用软件包名称的 package 属性，用以表示应用的唯一通用应用 ID。<application>标签中包含应用的组件，包括所有 Activity、服务、广播接收器和内容提供程序等组件，也包含应用的 allowBackup（是否允许备份应用）、icon（应用显示的图标）、label（应用的名称）、roundIcon 以及 theme 等属性来修饰应用，可以自行修改设置。该文件的详细讲解可以参见 Android 官方文档指南（https://developer.android.google.cn/guide/topics/manifest/manifest-intro）。

java 文件夹里包含了开发应用所写的源代码，通过包名分开 Java 类源文件。

res 文件夹包含应用所需要的各类资源。例如，动画资源、可绘制资源、菜单资源、样式资源等，从目录结构可以看出主要包括 4 个文件夹：drawable 文件夹（存放图像资源）、layout 文件夹（定义用户界面布局的 XML 文件）、mipmap 文件夹（适用于不同启动器图标密度的可绘制对象文件，支持不同分辨率下的对象文件，以确保启动器应用使用最佳分辨率图标）以及 values 文件夹（包含字符串、整型数和颜色等资源值的 XML 文件，详细的讲解请查阅 https://developer.android.google.cn/guide/topics/resources/available-resources 官方文档应用资源部分内容。下面讲解经常用到的资源问题的处理方式。

1. 更换应用图标

更换应用的图标就是更换当应用装到手机中 Launcher 界面所显示的应用图标。应用相关属性信息设置在 AndroidManifest.xml 文件的<application>标签中，当前应用的图标名称为 ic_launcher，可以把设计好的应用的新图标名称改为 ic_launcher，替换 mipmap 文件夹下对应分辨率下的图片即可体现修改；当然也可以直接把设计的新图标放入 mipmap 目录对应分辨率的文件夹下，注意不同分辨率下的图片的名称要一致，运用时图标名称作为该图片引用的 ID 来使用，然后修改 AndroidManifest.xml 文件里<application>标签中的 icon 属性，把后面 ic_launcher 改成新图标名称即可。

2. 引用图片资源

如果在开发应用中需要运用图片来展示，就涉及如何把图片放入工程里使用的问题，具体操作如下。首先将图片资源文件放到工程目录的 drawable 文件夹或 mipmap 目录下对应分辨率的文件夹里，然后在布局文件里需要引用的地方采用如下代码所示的方式进行设置。

```
1    //设置背景图片
2    android:background="@drawable/abc_vector_test"
3    //或者设置图片控件的图片资源
4    android:src="@mipmap/ic_launcher"
```

3. 引用字符串资源

在开发 App 时，很多时候需要用文字表达含义，这就需要字符串资源。字符串资源放在 values 文件夹的 strings.xml 里。打开此文件，可以看到根元素是<resources>标签，在该标签里显示一条字符串资源<string name="app_name">Hello World</string>，这个资源就是在 AndroidManifest.xml 文件里<application>标签中看到的 lable 属性设置的应用名称，该资源被 <string></string>标签包裹，属性"name"可以理解为该资源的 ID，"Hello World"可以理解为具体文字，其实这个结构也是 key-value 结构，引用的时候通过 key 得到具体的 value，就像每个人都熟知的取快递流程，通过快递号拿到具体的包裹。如果自己定义一条字符资源，可以复制这条资源，然后粘贴到原来资源的下面，接着修改"name"的值以及具体文字，代码如下，引用的该条资源通过"@string/my_name"的方式。例如，android:text="@string/my_name"。

```
1    <resources>
2        <string name="app_name">Hello World</string>
3        <string name="my_name">zhang san</string>
4    </resources>
```

4. 引用颜色资源

颜色资源放在 values 文件夹的 colors.xml 里，打开该文件可以看到它和字符串资源类似，都是 key-value 结构由<color>标签和</color>标签包裹，同样的原理可以自定义一种新的颜色资源，只需要按照已有例子模式新增加一条即可，不同的是新的 key 和 value，代码如下，value 是该颜色的色值，在工程里的该界面可以单击行号旁的颜色方框进行修改，将当前的颜色色值改成其他颜色色值，颜色资源的引用方式为：android:textColor="@color/red"。

```
1    <?xml version="1.0" encoding="utf-8"?>
2    <resources>
3        <color name="purple_200">#FFBB86FC</color>
4        <color name="purple_500">#FF6200EE</color>
5        <color name="purple_700">#FF3700B3</color>
6        <color name="teal_200">#FF03DAC5</color>
7        <color name="teal_700">#FF018786</color>
8        <color name="black">#FF000000</color>
9        <color name="white">#FFFFFFFF</color>
10       <color name="red">#E53935</color>
11   </resources>
```

1.6 小 结

本章简单讲解了 Android 操作系统的发展历程以及开发 Android 应用需要做到的准备工作，通过本章的学习能够在自己电脑上搭建开发环境，了解 Android 应用的集成开发环境 Android Studio 的使用，掌握项目目录结构，知道 Android 应用项目目录结构中重点的目录结构，能够创建一个简单的 Android 应用，能够自定义字符串，自定义颜色，能够应用图片到工程里。接下来进入第 2 章的学习，将真正开启 Android 的应用之旅。

1.7 习 题

1. 在自己的电脑上完成 Android 应用环境的搭建。
2. Android 项目中有哪些资源文件？
3. Android 项目中 AndroidManifest.xml 文件的作用是什么？
4. 创建一个简单的应用，用来给大家打个招呼，使其实现如图 1-31 所示的运行结果。

图 1-31　实现界面效果

5. Android Studio 的项目结构中，layout 目录用于（　　　）。
   A. 存放布局文件　　　　　　　B. 存放图片及 XML 文件
   C. 存放所有的 Java 代码　　　D. 存放目录文件
6. 在新建一个 Android Studio 项目的过程中，Minimum SDK 表示支持 Android 的（　　　）。
   A. 目标版本　　　　　　　　　B. 最低版本
   C. 最高版本　　　　　　　　　D. 以上都不对

第2章 实战项目——蛋炒饭订餐

视频讲解

2.1 项 目 介 绍

2.1.1 项目概述

随着信息化和智能化的发展，使得我们生活在一个网络化的生活圈里，不管是 QQ、微信社交，还是京东、唯品会购物，再到美团外卖订餐，这些无疑都改变着我们的生活。生活在这个大环境下的我们开发一款订餐 App，显得更为理所当然。本章实战项目的名称为"蛋炒饭订餐"，该项目贴近生活，符合生活所需，这个项目从逻辑上简单易懂，比较适合知识点的讲解。

本章以"蛋炒饭订餐"项目为实现目标，贯穿 Android 应用开发基础知识，包括 Android UI 基本控件的使用、Android 基本 UI 布局的使用、事件监听机制的实现方式以及活动之间的信使 Intent、活动之间数据的传递等相关知识。该项目要完成一个蛋炒饭订餐项目的设计与实现，包括订餐的价格、份量、食材信息以及订餐人的姓名、联系电话等个人信息，完成订餐选项之后，将订餐信息以短信的方式发送给商家。

2.1.2 项目设计

该项目贯穿 Android UI 基本知识，涉及界面的设计和实现。在实际生活中，随着信息化和智能化的发展，人们更注重享受生活，企业也更注重对服务质量的要求。做 Android 应用开发时应以用户为中心，以产品服务用户为理念，团队合力开发用户体验更完美的产品。开发某一款 App 涉及工程师对每个需求的准确获取和把握，UI 设计师对每一处视觉效果在美观上的判断和设计，当然也少不了开发工程师对产品功能模块的精心设计和实现；当 UI 设计师设计出视觉效果图和交互图之后，开发工程师会严格按照视觉效果进行开发实现，所有这些无不体现着认真严谨、一丝不苟、精益求精的工匠精神。作为初学者，虽然以实现 App 功能和掌握知识为核心，但是在设计 UI 界面的过程中，也要做到尽善尽美，不断对美的追求，精心设计，认真钻研，只有以精益求精的工匠精神展现高质量的审美意识，才能设计出完美的产品。

该项目主要包括两个界面的设计，一个是订餐界面，一个是订单详情界面。设计原型图如图 2-1 所示，该界面为订餐界面，如图 2-2 所示为订单详情界面。

图 2-1　订餐界面　　　　　　　　　　图 2-2　订单详情界面

从功能上来讲，该订餐项目完成订餐选择之后单击"提交订单"按钮跳转到详情界面，然后单击"确认"按钮确认订单信息后，将订单信息以短信的方式发送给商家，整个交互过程如图 2-3 所示。

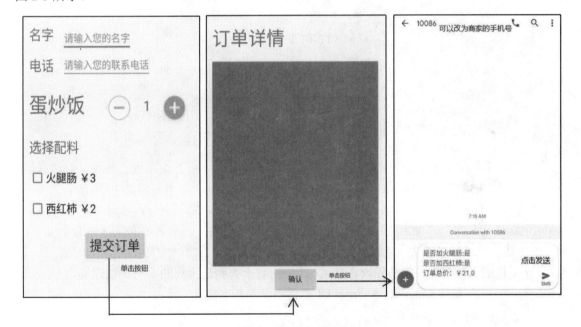

图 2-3　界面交互过程

2.2　知 识 地 图

该项目以 Android UI 基本知识为核心，实现项目涉及 Android UI 基本控件的使用，控件包括 TextView 控件、EditText 控件、ImageView 控件、Button 控件、CheckBox 控件、RadioButton 控件，Android UI 常用的基本布局方式包括 LinearLayout（线性布局）、RelativeLayout（相对布局）以及活动之间的信使 Intent 等，对应的知识点如图 2-4 所示。

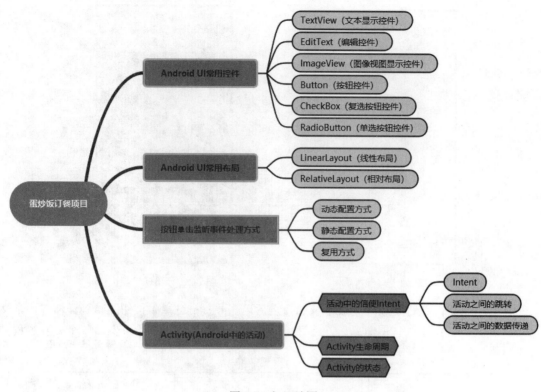

图 2-4　知识地图

2.3　预　备　知　识

2.3.1　Android UI 基本控件

  Android 系统提供了丰富的可视化用户界面组件，包括文本框、编辑框、按钮、对话框等。Android 系统中的所有 UI 类都是建立在 View 和 View Group 这两个类基础之上的，所有的 View 的子类称为 widget，包括文本框、编辑框、按钮等都属于 View 子类的控件，所有的 View Group 的子类称为 Layout 布局，如线性布局和相对布局。布局是让各个控件都有条不紊地摆放在界面上，控件是一个一个的摆件，就像房间里有床、桌子、椅子、衣柜等物品，这些物品都可以理解为控件，按照设计将这些物品摆放在合适的位置，看上去整洁美观的布局可以理解为 Layout，也就是布局。本节将给大家讲解 Android UI 里常用到的基本控件。

1．文本显示控件——TextView

  TextView 文本显示控件，主要用于在界面上显示一段文本信息，是不可编辑的。可以打开在第 1 章里新建的第一个 Android 项目初始自带的 Hello World!文本的显示就是一个 TextView 控件来显示的，代码如下。

视频讲解

```
1   <TextView
2       android:layout_width="wrap_content"
3       android:layout_height="wrap_content"
4       android:text="Hello World!"
5       android:textColor="@color/red"
6       app:layout_constraintBottom_toBottomOf="parent"
7       app:layout_constraintLeft_toLeftOf="parent"
```

```
8        app:layout_constraintRight_toRightOf="parent"
9        app:layout_constraintTop_toTopOf="parent" />
```

以下面代码为例，讲解 TextView 控件的基本属性，其包含 layout_width（控件的宽度）、layout_height（控件的高度）、id（控件的标识）、text（文本框里需要显示的文字内容）、textSize（显示的文字的字体大小）、textColor（颜色）、textStyle（字体样式）、autoLink（是否自动链接）、clickable（是否可以单击）等属性。代码里控件宽度和高度的属性值是 wrap_content，是自适应的意思，即文本框的宽度和高度随文本的内容而变化，还有一个值为 match_parent，是匹配父类宽度和高度的意思，这里也可以把控件的宽度和高度设置为具体的值。例如，android:layout_width="60dp"，这里需要注意的是 Android 里设置控件的宽度和高度值单位用 dp（虚拟像素，在不同的像素密度的设备上会自动适配），字体的大小设置单位用 sp（同 dp 相似，还会根据用户的字体大小偏好来缩放）。控件 ID 属性是用来唯一标识控件的属性。关于显示的文本内容以及内容展示形式可以通过 text、textSize、textColor、textStyle 这 4 个属性来设置，其中 textStyle 属性包括 3 个值，分别是 bold（加粗）、italic（倾斜）、normal（正常）。autoLink 是一个表示是否自动链接的属性，需要和 clickable 一起使用才有效果。例如，显示的文本是个电话号码，这里设置可以单击，自动链接运行到手机上用户就可以单击直接打电话，也可以链接一个邮箱。

```
1    <TextView
2        android:layout_width="wrap_content"
3        android:layout_height="wrap_content"
4        android:id="@+id/text1"
5        android:text="这是一个文本框"
6        android:textSize="36sp"
7        android:textColor="@color/blue"
8        android:textStyle="bold"
9        android:autoLink="phone"
10       android:clickable="true">
11   </TextView>
```

TextView 控件的属性，如表 2-1 所示。

表 2-1　TextView 控件的属性

属　　性	属　性　说　明
id	控件 ID，在代码里通过 findViewById()方法获取该对象，然后进行相关设置
layout_width	控件宽度
layout_height	控件高度
text	设置文本内容
background	背景颜色（或背景图片）
textColor	字体颜色
textStyle	字体样式
textSize	大小
gravity	内容对齐方向（内容在文本框里选择左对齐、右对齐或居中对齐）
autoLink	autoLink 的属性可以将符合指定格式的文本转换为可单击的超链接
drawableTop	TextView 上部出现一个图片

最后看下 TextView 在工程里的使用。打开 Android Studio 默认会打开上次打开的工程，选择 File→New→New Project 命令创建一个项目，项目名称设置为 UIApplication，默认会创建一个 MainActivity 的活动，有一个 MainActivity.java 类文件，在 res/layout 目录下对应一个

activity_main.xml 布局文件，这个布局文件就是用于设计界面的。单击进入，选择 code 命令，可以看到如下代码，中间部分<TextView.../>标签就是 TextView 的运用，在 Android 布局文件里标签开始和结束是对应和匹配的，不要在一个控件标签没有结束时就写另一个控件标签的开始，每个控件标签开始和结束必须成对出现。

```
1    <?xml version="1.0" encoding="utf-8"?>
2    <androidx.constraintlayout.widget.ConstraintLayout xmlns:android="http://schemas.
     android.com/apk/res/android"
3        xmlns:app="http://schemas.android.com/apk/res-auto"
4        xmlns:tools="http://schemas.android.com/tools"
5        android:layout_width="match_parent"
6        android:layout_height="match_parent"
7        tools:context=".MainActivity">
8
9        <TextView
10           android:layout_width="wrap_content"
11           android:layout_height="wrap_content"
12           android:text="Hello World!"
13           //设置控件在屏幕上的具体位置
14           app:layout_constraintBottom_toBottomOf="parent"
15           app:layout_constraintLeft_toLeftOf="parent"
16           app:layout_constraintRight_toRightOf="parent"
17           app:layout_constraintTop_toTopOf="parent" />
18
19   </androidx.constraintlayout.widget.ConstraintLayout
```

接下来修改代码，修改根布局标签为<LinearLayout...></LinearLayout>，删除原本的 TextView 控件，代码变成如下代码。

```
1    <?xml version="1.0" encoding="utf-8"?>
2    <LinearLayout xmlns:android="http://schemas.android.com/apk/res/android"
3        xmlns:app="http://schemas.android.com/apk/res-auto"
4        xmlns:tools="http://schemas.android.com/tools"
5        android:layout_width="match_parent"
6        android:layout_height="match_parent"
7        tools:context=".MainActivity">
8
9
10
11   </LinearLayout>
```

然后在第 8 行输入<T 将看到 Android Stuido 会出现提示，选择 TextView 命令，根据提示输入其他信息，这就是 Android Studio 的代码补全功能，很实用也很方便，把 TextView 属性设置完全后，输入>然后按 Enter 键会出现结束标签。代码如下，这时界面视图如图 2-5 所示，出现"电话"文本显示在界面上。

```
1    <?xml version="1.0" encoding="utf-8"?>
2    <LinearLayout xmlns:android="http://schemas.android.com/apk/res/android"
3        xmlns:app="http://schemas.android.com/apk/res-auto"
4        xmlns:tools="http://schemas.android.com/tools"
5        android:layout_width="match_parent"
6        android:layout_height="match_parent"
7        tools:context=".MainActivity">
8    <TextView
9        android:layout_width="wrap_content"
10       android:layout_height="wrap_content"
11       android:id="@+id/my_phope_text"
12       android:text="电话:"
```

```
13        android:textSize="36sp"
14        android:textColor="@color/black"
15        android:textStyle="italic">
16    </TextView>
17  </LinearLayout>
```

```
activity_main.xml ×    strings.xml ×    colors.xml ×    © MainActivity.java ×       Layout Validation                    ✿ —
                                              ≣ Code ≣ Split ◪ Design      Pixel Devices  ∨ ◉
1     <?xml version="1.0" encoding="utf-8"?>                  ⚠2 ✗1 ∧ ∨
2   ⓒ <LinearLayout xmlns:android="http://schemas.android.com/apk/res/androi                Pixel 3 (1080 x 2160)
3         xmlns:app="http://schemas.android.com/apk/res-auto"
4         xmlns:tools="http://schemas.android.com/tools"
5         android:layout_width="match_parent"                          电话:
6         android:layout_height="match_parent"
7         tools:context=".MainActivity">
8   ⊟ <TextView
9         android:layout_width="wrap_content"
10        android:layout_height="wrap_content"
11        android:id="@+id/my_phope_text"
12        android:text="电话:"
13        android:textSize="36sp"
14 ■      android:textColor="@color/black"
15        android:textStyle="italic">
16    </TextView>
17
18
19    </LinearLayout>
```

图 2-5　文本框的使用

此时可以选择第 8 行旁边的"-"折叠代码,可以选择 8～16 号复制代码,然后粘贴修改具体内容,来展示其他的文本内容。例如,下面代码在"电话"文本框下面又增加了一个用于显示电话号码的文本框。

```
1   <?xml version="1.0" encoding="utf-8"?>
2   <LinearLayout xmlns:android="http://schemas.android.com/apk/res/android"
3       xmlns:app="http://schemas.android.com/apk/res-auto"
4       xmlns:tools="http://schemas.android.com/tools"
5       android:layout_width="match_parent"
6       android:layout_height="match_parent"
7       tools:context=".MainActivity">
8   <TextView
9       android:layout_width="wrap_content"
10      android:layout_height="wrap_content"
11      android:id="@+id/my_phope_text"
12      android:text="电话:"
13      android:textSize="36sp"
14      android:textColor="@color/black"
15      android:textStyle="italic">
16  </TextView>
17  <TextView
18      android:layout_width="wrap_content"
19      android:layout_height="wrap_content"
20      android:id="@+id/my_number_text"
21      android:text="13550358768"
22      android:textSize="36sp"
23      android:autoLink="phone"
24      android:clickable="true"
25      android:textStyle="italic">
26  </TextView>
27  </LinearLayout>
```

2. 编辑框——EditText

很多时候需要人机交互。例如,QQ、微信的登录窗口就需要输入信息,完成输入功能所用

视频讲解

的控件就是 EditText 控件，它是程序与用户进行交互的一个重要控件，允许用户在控件中输入和编辑内容，并且可以在程序中对这些内容进行处理。EditText 控件的属性，如表 2-2 所示。

表 2-2　EditText 控件的属性

属　　性	属 性 说 明
id	控件 ID，在代码里通过 findViewById()方法获取到该对象，然后进行相关设置
layout_width	控件宽度
layout_height	控件高度
hint	内容为空时显示的文本内容，一般是提示语
textColorHint	内容为空时显示的文本颜色
textColor	文本字体颜色
textStyle	字体样式
textSize	大小
gravity	内容的对齐方向（内容在编辑框里的位置）
inputType	限制输入类型（常见的有 number：整数类型，numberDecimal：小数类型，date：日期类型，text：文本类型，phone：拨号键盘，textPassword：密码显示，textVisiblePassword：密码可见，textUri：网址类型）
digits	设置允许输入哪些字符。例如，仅数字"1234567890"
maxLength	设置显示的文本长度，超出部分不显示
ellipsize	当文本文字超长时，设置控件文字显示方式（start：省略号显示在开头，end：省略号显示在结尾，middle：省略号显示在中间，marquee：以跑马灯的方式显示）
singleLine	设置是否单行显示
lines	设置文本的行数，具体是数字。例如，android:minLines="2"
lineSpacingExtra	设置行间距
drawableLeft	在文字的左边输出一个 drawable 图片
drawablePadding	设置文本与 drawable 图片的间隔距离

在 XML 布局文件里要使用一个 EditText 代码设置如下所示。当然有些属性可以根据设计需求决定取舍，更多属性可以查阅官方网站进一步学习了解。

```
1   <EditText
2       android:layout_width="match_parent"
3       android:layout_height="wrap_content"
4       android:id="@+id/et_password"
5       android:hint="请输入您的密码"
6       android:textColorHint="@color/red"
7       android:textColor="@color/black"
8       android:textSize="24sp"
9       android:textStyle="normal"
10      android:digits="1234567890"
11      android:singleLine="true"
12      android:maxLength="6"
13      android:drawableLeft="@mipmap/ic_launcher"
14      android:drawablePadding="16dp"
15      android:inputType="textPassword"
16      >
17  </EditText>
```

接下来打开在 TextView 使用时创建的 UIApplication 应用，找到 activity_main.xml，把上次创建的第二个 TextView 删除，替换为一个 EditText 文本编辑框，让用户自己输入电话号码，代码如下。

```
1    <?xml version="1.0" encoding="utf-8"?>
2    <LinearLayout xmlns:android="http://schemas.android.com/apk/res/android"
3        xmlns:app="http://schemas.android.com/apk/res-auto"
4        xmlns:tools="http://schemas.android.com/tools"
5        android:layout_width="match_parent"
6        android:layout_height="match_parent"
7        tools:context=".MainActivity">
8    <TextView
9        android:layout_width="wrap_content"
10       android:layout_height="wrap_content"
11       android:id="@+id/my_phope_text"
12       android:text="电话:"
13       android:textSize="36sp"
14       android:textColor="@color/black"
15       android:textStyle="italic">
16   </TextView>
17   <EditText
18       android:layout_width="match_parent"
19       android:layout_height="wrap_content"
20       android:id="@+id/et_phone"
21       android:hint="请输入电话号码"
22       android:textColorHint="@color/red"
23       android:textColor="@color/black"
24       android:textSize="24sp"
25       android:textStyle="normal"
26       android:digits="1234567890"
27       android:singleLine="true"
28       android:maxLength="11"
29       android:inputType="phone"
30       >
31   </EditText>
32   </LinearLayout>
```

上面内容给大家讲解了怎么在界面上显示一个 EditText 控件,让用户能够输入自己的文字,EditText 是一个人与机器交互的控件,那么手机如何知道用户输入的是什么内容就涉及 java 类了。在创建应用时,默认会创建一个名为 MainActivity 的活动,同时会自动创建 MainActivity.java（类文件）和 activity_main.xml（布局文件）, 关于布局文件已经介绍过了,它是用来设计界面的, 下面来看下类文件, 代码如下, 具体代码含义如注释所示。

```
1    package com.scyd.uiapplication;                    //应用的包名
2    //下面是导入的包名
3    import androidx.appcompat.app.AppCompatActivity;
4    import android.os.Bundle;
5    //具体类的实现部分, MainActivity 类名, AppCompatActivity 继承的父类名
6    public class MainActivity extends AppCompatActivity {
7        //重写父类的 onCreate 方法
8        @Override
9        protected void onCreate(Bundle savedInstanceState) {
10           super.onCreate(savedInstanceState);
11           setContentView(R.layout.activity_main);        //加载布局界面
12       }
13   }
```

在 Android 里每个活动类都会重写父类的 onCreate()方法,在该方法里通过 setContentView()方法加载刚设计好的布局界面。接下来需要声明一个 EditText 控件对象, 然后通过 getText()方法获取用户输入的信息,代码如下。

```
1   public class MainActivity extends AppCompatActivity {
2      //声明一个 EditText 对象，名字为 phoneEditText
3      private EditText phoneEditText;
4        @Override
5      protected void onCreate(Bundle savedInstanceState) {
6          super.onCreate(savedInstanceState);
7          setContentView(R.layout.activity_main);
8          //通过控件 ID 将对象与控件关联在一起
9          phoneEditText = findViewById(R.id.et_phone);
10         //获取用户输入的内容
11         String getPhoneStr= phoneEditText.getText().toString();
12         //将用户输入的内容用提示框显示在界面上
13         Toast.makeText(MainActivity.this,"用户输入的内容是:
"+getPhoneStr,Toast.LENGTH_LONG).show();
14      }
15   }
```

另外，可以通过调用 EditText 的 addTextChangedListener(TextWatcher)，实现 3 个抽象方法，监听 EditText 的输入内容，实现代码如下。

```
1   public class MainActivity extends AppCompatActivity {
2      private EditText phoneEditText;
3        @Override
4      protected void onCreate(Bundle savedInstanceState) {
5          super.onCreate(savedInstanceState);
6          setContentView(R.layout.activity_main);
7          phoneEditText = findViewById(R.id.et_phone);
8          String getPhoneStr= phoneEditText.getText().toString();
9          Toast.makeText(MainActivity.this,"用户输入的内容是: "+getPhoneStr,Toast.LENGTH_
LONG).show();
10      //以下代码完成对用户输入内容的监听
11     phoneEditText.addTextChangedListener(new TextWatcher() {
12             @Override
13             public void beforeTextChanged(CharSequence charSequence, int i, int i1,
int i2) {
14                 //文本内容改变之前
15             }
16
17             @Override
18             public void onTextChanged(CharSequence charSequence, int i, int i1, int i2) {
19                 //文本内容改变过程中
20             }
21
22             @Override
23             public void afterTextChanged(Editable editable) {
24                 //文本内容改变之后
25             }
26         });
27      }
28   }
```

3. 图像视图控件——ImageView

打开手机任意一款 App，会看到不同区域都会有图片展示，图片是界面上必不可少的元素，Android 应用的图片大多是通过 ImageView 图像视图控件来实现的。ImageView 直接继承 View 类，主要功能就是用于显示图像资源，任何 Drawable 对象都可以使用 ImageView 来显示，其也常用于图片渲染调色、图片缩放剪裁等。ImageView 控件的属性，如表 2-3 所示。

表 2-3　ImageView 控件的属性

属　　性	属 性 说 明
id	控件 ID，在代码里通过 findViewById()方法获取到该对象，然后进行相关设置
layout_width	控件宽度
layout_height	控件高度
src	设置 ImageView 控件所显示的图片对象的 ID
background	设置 ImageView 控件的背景颜色或者背景图片
scaleType	设置所显示的图片如何缩放或移动以适应 ImageView 控件的大小
adjustViewBounds	用于设置缩放时是否保持原图长宽比，需要配合 maxWidth 和 maxHeight 属性一起使用
maxHeight	设置 ImageView 控件的最大高度，需要 adjustViewBounds 属性为 true
maxWidth	设置 ImageView 控件的最大宽度，需要 adjustViewBounds 属性为 true
clickable	设置 ImageView 控件是否可以单击

scaleType 属性用于设置所显示的图片如何缩放或移动，以适应 ImageView 控件的大小，因此它是图像在 ImageView 中的显示效果，其可以选择的属性如表 2-4 所示。

表 2-4　ImageView 控件的 scaleType 属性值的说明

属 性 值	说　　明
matrix	默认值，使用 matrix 方式进行缩放不改变原图的大小，从 ImageView 的左上角开始绘制原图，超过 ImageView 的部分做裁剪处理
fitXY	对图像的横向与纵向独立缩放，使图片适应 ImageView 控件，但是图片的横纵比可能会发生改变
fitStart	保持纵横比缩放图片，完成后将图片放在 ImageView 的左上角
fitEnd	保持纵横比缩放图片，完成后将图片放在 ImageView 的右下角
fitCenter	保持纵横比缩放图片，完成后将图片放在 ImageView 的中心
centerCrop	保持纵横比缩放图片，以使图片能完全覆盖 ImageView 控件，可能会出现图片显示不完全的情况
center	保持原图的大小，不进行任何缩放，显示在 ImageView 的中心，如果原图的 size 大于 ImageView 的 size，超过部分会进行裁剪处理
centerInside	保持横纵比缩放图片，以使得 ImageView 控件能完全显示该图片

ImageView 控件在布局文件里使用的代码如下，这里注意第 6 行，用的是系统自带的图片，如果需要更换自己设计的头像图片，需要把头像图片资源放到 mipmap 对应文件夹里。

```
1    <ImageView
2         android:layout_width="match_parent"
3         android:layout_height="wrap_content"
4         android:id="@+id/my_head_pic"
5         android:layout_gravity="center"
6         android:src="@mipmap/ic_launcher"
7         android:background="@color/red"
8         android:scaleType="centerInside"
9         android:adjustViewBounds="true"
10        android:maxHeight="80dp"
11        android:clickable="true"
12        android:maxWidth="100dp">
13   </ImageView>
```

下面打开上次创建的 UIApplication 应用，找到 activity_main.xml，完成在该界面的最上面添加一个头像图片的显示功能。因为根布局 LinearLayout 是一个线性布局，在该布局下的控件要么水平摆放要么垂直摆放，所以有一个方向属性，默认是水平，所以在上面添加的一个

TextView 和一个 EditText 是水平排列的。现在如果想在最上方添加一个头像，使得与下面控件垂直方向排列，可以在<LinearLayout>的属性位置添加一个标示垂直方向的属性：android: orientation="vertical"，然后再添加 ImageView 控件显示头像信息，代码如下。

```
1   <?xml version="1.0" encoding="utf-8"?>
2   <LinearLayout xmlns:android="http://schemas.android.com/apk/res/android"
3       xmlns:app="http://schemas.android.com/apk/res-auto"
4       xmlns:tools="http://schemas.android.com/tools"
5       android:layout_width="match_parent"
6       android:layout_height="match_parent"
7       android:orientation="vertical"          //垂直方向排列控件的属性
8        tools:context=".MainActivity">
9       <ImageView                              //新增代码开始位置
10          android:layout_width="match_parent"
11          android:layout_height="wrap_content"
12          android:id="@+id/my_head_pic"
13          android:layout_gravity="center"
14          android:src="@mipmap/ic_launcher"   //图片在控件里居中显示
15          android:background="@color/red"
16          android:scaleType="centerInside"
17          android:adjustViewBounds="true"
18          android:maxHeight="80dp"
19          android:clickable="true"
20          android:maxWidth="100dp">
21      </ImageView>                            //新增代码结束位置
22  <TextView
23          android:layout_width="wrap_content"
24          android:layout_height="wrap_content"
25          android:id="@+id/my_phope_text"
26          android:text="电话:"
27          android:textSize="36sp"
28          android:textColor="@color/black"
29          android:textStyle="italic">
30  </TextView>
31  <EditText
32          android:layout_width="match_parent"
33          android:layout_height="wrap_content"
34          android:id="@+id/et_phone"
35          android:hint="请输入电话号码"
36          android:textColorHint="@color/red"
37          android:textColor="@color/black"
38          android:textSize="24sp"
39          android:textStyle="normal"
40          android:digits="1234567890"
41          android:singleLine="true"
42          android:maxLength="11"
43          android:inputType="phone"
44          >
45  </EditText>
46  </LinearLayout>
```

4. 按钮控件——Button

前面讲解的文本显示控件 Text View 控件，是用来显示相关文本信息的；EditText 控件，是用来完成程序与用户之间的信息交互的，在很多情况下，还需要触发一个单击动作来完成后续发生的动作。例如，订餐界面需要单击"提交信息"按钮，就会用到 Button 按钮控件。Button 控件也是程序与用户之间交互的一个重要的控件，也是在开发中最常用到的控件。Button 控件的属性如表 2-5 所示。

表 2-5　Button 控件的属性

属　　性	属 性 说 明
id	控件 ID，在代码里通过 findViewById()方法获取到该对象，然后进行相关设置
layout_width	控件宽度
layout_height	控件高度
text	控件上显示的文本内容
textColor	控件上文字的颜色
textSize	控件上文字的大小
drawableTop	在控件上方放置图片
drawableLeft	在控件左边放置图片
layout_gravity	在父类控件中的位置（left、center、right）
onClick	单击此控件时调用的方法，该方法是在类中实现的一个 Public 属性的方法，用来处理单击控件后要处理的动作
backgroundTint	控件背景颜色与 backgroundTintMode 属性配合使用
background	设置控件背景，但是在默认主题风格下无效，如果设置背景图片，建议改用 ImageButton，如果仅仅是改变背景颜色，建议用 backgroundTint 属性

Button 在布局文件里的使用方式如下面代码：

```
1    <Button
2          android:layout_width="wrap_content"
3          android:layout_height="wrap_content"
4          android:id="@+id/login_bt"
5          android:backgroundTint="@color/purple_500"
6          android:backgroudTintMode="src_over"
7          android:text="登录"
8          android:textColor="@color/white"
9          android:textSize="24sp"
10         android:layout_gravity="center"
11         android:onClick="handleButtonOnClick">
12   </Button>
```

下面在前期创建的 UIApplication 应用的界面下方添加一个 Button 按钮，就可以找到 activity_main.xml 文件，在 EditText 控件的后面添加上面一段代码，EditText 控件之前的代码保持不变，代码如下。

```
1    <EditText
2          android:layout_width="match_parent"
3          android:layout_height="wrap_content"
4          android:id="@+id/et_phone"
5          android:hint="请输入电话号码"
6          android:textColorHint="@color/red"
7          android:textColor="@color/black"
8          android:textSize="24sp"
9          android:textStyle="normal"
10         android:digits="1234567890"
11         android:singleLine="true"
12         android:maxLength="11"
13         android:inputType="phone"
14         >
15   </EditText>
16       <Button                              //新增开始
```

```
17          android:layout_width="wrap_content"
18          android:layout_height="wrap_content"
19          android:id="@+id/login_bt"
20          android:backgroundTint="@color/purple_500"
21          android:backgroudTintMode="src_over"
22          android:text="登录"
23          android:textColor="@color/white"
24          android:textSize="24sp"
25          android:layout_gravity="center"
26          android:onClick="handleButtonOnClick">
27      </Button>  //新增结束
28  </LinearLayout>
```

这里需要注意的是，onClick 属性后的字符串"handleButtonOnClick"是一个方法的名字，单击此控件时调用该方法来处理单击控件后要处理的动作，该方法需要在 MainActivity.java 文件里定义和实现。该方法是个独立的方法，写在 MainActivity 类的里面，在 protected void onCreate(Bundle savedInstanceState)方法的外面，当用户单击该控件时，会调用该方法，并将该控件作为参数传进来，通过判断控件的 ID，来确定单击了哪一个控件，如果是登录按钮，这里弹出一个 Toast 提示，当然也可以在这里写触发后的其他任何操作，从这里可以看到该方法可以复用，可以被多个 Button 按钮绑定，通过 ID 来确定单击了哪个。handleButtonOnClick()方法的代码如下。

```
1   public void handleButtonOnClick(View v){
2           if(v.getId()==R.id.login_bt)
3           {
4                   Toast.makeText(MainActivity.this,"您单击了该控件哦",Toast.LENGTH_LONG).show();
5           }
6       }
```

也可以通过调用 setOnClickListener()方法来监听用户单击按钮事件的处理，首先在 activity_main.xml 去掉 Button 的 onClick 属性设置，然后修改 MainActivity.java 文件，先声明一个 Button 对象 loginBtn，然后通过 findViewById()方法关联控件的 ID，最后调用监听方法实现回调，在 onClick()方法里实现单击按钮后触发的操作，代码如下。

```
1   public class MainActivity extends AppCompatActivity {
2     private Button loginBtn;
3       @Override
4       protected void onCreate(Bundle savedInstanceState) {
5           super.onCreate(savedInstanceState);
6           setContentView(R.layout.activity_main);
7           loginBtn = findViewById(R.id.login_bt);
8           loginBtn.setOnClickListener(new View.OnClickListener() {
9               @Override
10              public void onClick(View view) {
11                  Toast.makeText(MainActivity.this,"您单击了该控件哦",Toast.LENGTH_LONG).
show();
12              }
13          });
14      }
15  }
```

5. 复选框控件——CheckBox

生活中人们经常遇到需要选择的情况，有时候是多种选择，如考试中的多项选择题。在 Android 应用中设计复选用的是复选框控件 CheckBox，它和 Button 一样，是一种比较实用的控

视频讲解

件，它的优点是用户不用填写具体的信息，只需轻轻单击即可，缺点是只有"是"和"否"两种选择。利用这个特性来获取用户的选择信息，如是否同意声明的协议、是否已阅读、是否已婚等。CheckBox 控件的属性，如表 2-6 所示。

表 2-6　CheckBox 控件的属性

属　　性	属 性 说 明
id	控件 ID，在代码里通过 findViewById()方法获取到该对象，然后进行相关设置
layout_width	控件宽度
layout_height	控件高度
text	控件上显示的文本内容
textColor	控件上文字的颜色
textSize	控件上文字的大小
checked	是否选中，默认是不选中
layout_gravity	在父类控件中的位置（left、center、right）

CheckBox 在布局文件里的使用方式如以下代码所示。

```
1   <CheckBox
2        android:layout_width="wrap_content"
3        android:layout_height="wrap_content"
4        android:id="@+id/is_read"
5        android:text="已阅读"
6        android:textSize="24sp"
7        android:layout_gravity="center"
8        android:textColor="@color/black"
9        android:checked="true">
10   </CheckBox>
```

如果要实现在前面所建的 UIApplication 应用的界面下方添加一个 CheckBox 按钮，就可以找到 activity_main.xml，在 EditText 控件的后面 Button 控件的前面添加前面这段代码，完成添加后即可在界面上显示该控件，用户可以对其进行选择操作，而在实际应用中，重要的是人与机器的交互，需要知道用户选择的是什么以便做对应的处理，这就涉及监听用户的操作，需要在 MainActivity.java 文件里先声明一个 CheckBox 对象 isReadCheckBox，然后通过 findViewById()方法关联控件的 ID，最后调用监听方法实现回调，在 onCheckedChanged()方法里实现选择或未选择按钮后触发的操作，代码如下。

```
1   public class MainActivity extends AppCompatActivity {
2     private EditText phoneEditText;
3     private CheckBox isReadCheckBox;                        //新增代码，声明对象
4
5       @Override
6       protected void onCreate(Bundle savedInstanceState) {
7           super.onCreate(savedInstanceState);
8           setContentView(R.layout.activity_main);
9           phoneEditText = findViewById(R.id.et_phone);
10          //新增代码，关联 ID
11          isReadCheckBox = findViewById(R.id.is_read);
12          //新增代码，设置监听操作
13          isReadCheckBox.setOnCheckedChangeListener(new CompoundButton.
OnCheckedChangeListener() {
14              @Override
15              public void onCheckedChanged(CompoundButton compoundButton, boolean b) {
```

```
16                      if(b){
17                          //选中的相关操作
18                          Toast.makeText(MainActivity.this,"您选择的是"+isReadCheckBox.
getText(),Toast.LENGTH_LONG).show();
19                      }else{
20                          //未选中的相关操作
21                          Toast.makeText(MainActivity.this,"您没有选择: "+isReadCheckBox.
getText(),Toast.LENGTH_LONG).show();
22                      }
23                  }
24              });
```

下面以如图 2-6 所示的界面功能的实现为例，演示 CheckBox 控件的使用。首先按照如图 2-7 所示界面展示步骤，创建一个新的活动，然后按照如图 2-8 所示填写 Activity 的名称 CheckBoxDemo，并且选中 Launcher Activity 复选框，使该活动作为该应用的第一个启动的界面。

图 2-6   CheckBox 使用案例界面

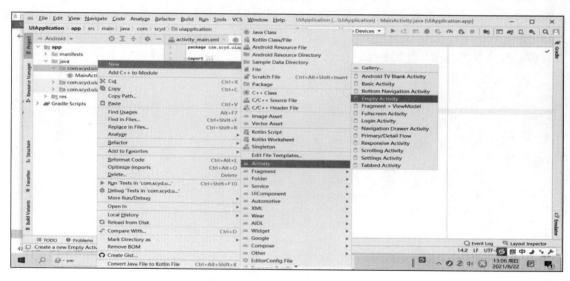

图 2-7   创建一个新的活动步骤

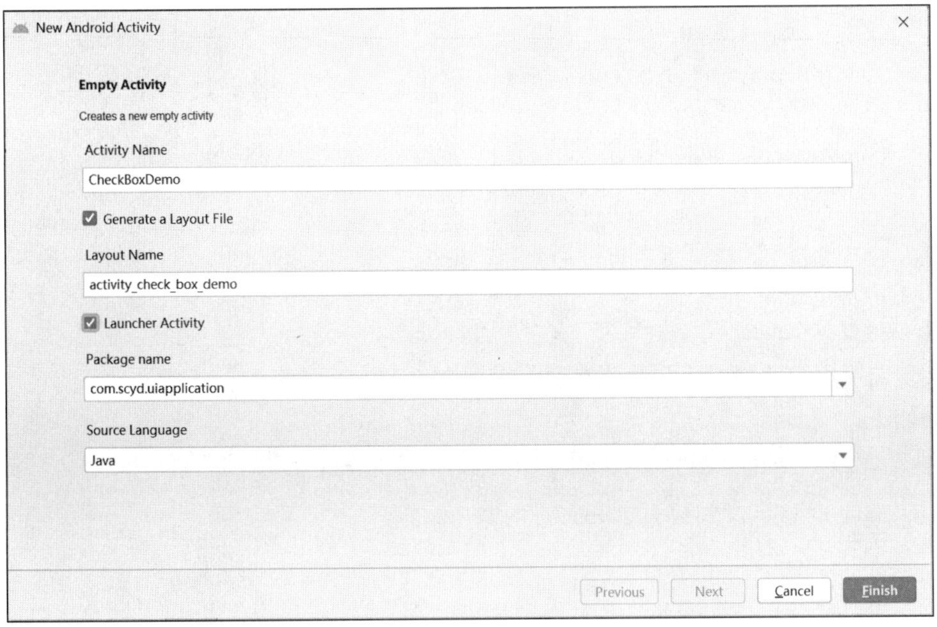

图 2-8　创建新的活动界面

　　接下来编写布局界面。在这个界面里，水平放置了两个 CheckBox 控件，用来表示苹果和橙子，左边是 TextView 控件，用来显示选择的水果的种类是多少，打开 activity_check_box_demo.xml 布局文件，设计实现布局界面，首先定义两个字符串，然后定义一个颜色，最后书写 activity_check_box_demo.xml 布局文件，代码分别如下。

```
1    <string name="apple">苹果</string>
2    <string name="orange">橙子</string>
```

```
1    <color name="blue">#1B70D8</color>
```

```
1    <?xml version="1.0" encoding="utf-8"?>
2    <LinearLayout xmlns:android="http://schemas.android.com/apk/res/android"
3        xmlns:app="http://schemas.android.com/apk/res-auto"
4        xmlns:tools="http://schemas.android.com/tools"
5        android:layout_width="match_parent"
6        android:layout_height="match_parent"
7        tools:context=".CheckBoxDemo">
8        <CheckBox
9            android:layout_width="wrap_content"
10           android:layout_height="wrap_content"
11           android:id="@+id/apple"
12           android:text="@string/apple"
13           android:textSize="24sp"
14           android:layout_marginLeft="20dp"   //这里设置该控件距离左边 20dp
15           >
16       </CheckBox>
17       <CheckBox
18           android:layout_width="wrap_content"
19           android:layout_height="wrap_content"
20           android:id="@+id/orange"
21           android:text="@string/orange"
22           android:textSize="24sp"
23           android:layout_marginLeft="20dp"
24           >
```

```
25          </CheckBox>
26          <TextView
27              android:layout_width="wrap_content"
28              android:layout_height="wrap_content"
29              android:id="@+id/text_view"
30              android:text="0"
31              android:textColor="@color/blue"
32              android:layout_marginLeft="20dp"
33              android:textSize="24sp"
34              >
35          </TextView>
36      </LinearLayout>
```

要实现监听用户选择的水果种类数目，就要在 CheckBoxDemo.java 类文件里写监听代码，具体代码如下。

```
1   public class CheckBoxDemo extends AppCompatActivity {
2       private CheckBox appleCheckBox;        //声明对象
3       private CheckBox orangeCheckBox;       //声明对象
4       private TextView textView;             //声明对象
5       private int number=0;                  //设置变量，用来记录用户选择的水果种类
6       @Override
7       protected void onCreate(Bundle savedInstanceState) {
8           super.onCreate(savedInstanceState);
9           setContentView(R.layout.activity_check_box_demo);
10          //通过 ID 关联对象和控件
11          appleCheckBox = findViewById(R.id.apple);
12          orangeCheckBox =findViewById(R.id.orange);
13          textView = findViewById(R.id.text_view);
14          //监听用户是否选择了苹果这类水果
15          appleCheckBox.setOnCheckedChangeListener(new CompoundButton.
OnCheckedChangeListener() {
16              @Override
17              public void onCheckedChanged(CompoundButton buttonView, boolean isChecked) {
18                  if(isChecked){
19                      number++;
20                      textView.setText(number+" ");
21                  }else{
22                      number--;
23                      textView.setText(number+" ");
24                  }
25              }
26          });
27          //监听用户是否选择了橙子这类水果
28          orangeCheckBox.setOnCheckedChangeListener(new CompoundButton.
OnCheckedChangeListener() {
29              @Override
30              public void onCheckedChanged(CompoundButton buttonView, boolean isChecked) {
31                  if(isChecked){
32                      number++;
33                      textView.setText(number+" ");
34                  }else{
35                      number--;
36                      textView.setText(number+" ");
37                  }
38              }
39          });
40      }
41  }
```

视频讲解

6. 单选按钮控件——RadioButton

RadioButton 单选按钮控件在 Android 中应用于多项中只能选取单项的情况，单独使用时只能表示选中，在选中的情况下，通过单击无法变为未选中，很多情况下与 RadioGroup（单选组合框）配合使用。当多个 RadioButton 被 RadioGroup 包含时，只可以选择一个 RadioButton；在没有 RadioGroup 的情况下，RadioButton 可以全部都选中。RadioGroup 组件可以理解为一个布局文件，但仅用于布局多个 RadioButton，RadioGroup 的属性有 id、layout_width、layout_height 和 orientation 等，orientation 属性用来设置这个组件里的子控件是按水平方向还是垂直方向排列。RadioButton 控件的常用属性和 CheckBox 控件的属性一样，具体可以查看如表 2-6 所示的属性表。

图 2-9　RadioButton 控件的使用案例界面

下面以如图 2-9 所示的界面功能的实现为例，演示 RadioButton 控件的使用。首先创建一个名字为 RadioButtonDemoActivity 的 Activity，并且选中 Launcher Activity 复选框，使该活动作为该应用的第一个启动界面。

接下来编写布局界面。在这个界面里，水平放置了两个 RadioButton 控件，用来表示男和女两种性别选项，默认"男"被选中，当单击"女"按钮时，女性单选按钮被选中，男性单选按钮则取消选中，二者只能选其一。打开 activity_radio_button_demo.xml 布局文件，设计实现布局界面，首先定义两个字符串，然后编写 activity_radio_button_demo.xml 布局文件，代码分别如下。

```
1    <string name="man">男</string>
2    <string name="woman">女</string>
```

```
1    <?xml version="1.0" encoding="utf-8"?>
2    <LinearLayout  xmlns:android="http://schemas.android.com/apk/res/android"
3        xmlns:app="http://schemas.android.com/apk/res-auto"
4        xmlns:tools="http://schemas.android.com/tools"
5        android:layout_width="match_parent"
6        android:layout_height="match_parent"
7        tools:context=".RadioButtonDemoActivity">
8
9        <RadioGroup
10           android:layout_width="match_parent"
11           android:layout_height="wrap_content"
12           android:orientation="horizontal"
13           android:layout_marginLeft="20dp"
14           android:id="@+id/radio_group">
15           <RadioButton
16               android:layout_width="wrap_content"
17               android:layout_height="wrap_content"
18               android:id="@+id/man_radio_button"
19               android:checked="true"
20               android:text="@string/man">
21           </RadioButton>
22           <RadioButton
23               android:layout_width="wrap_content"
```

```
24                android:layout_height="wrap_content"
25                android:id="@+id/woman_radio_button"
26                android:layout_marginLeft="20dp"
27                android:text="@string/woman">
28            </RadioButton>
29        </RadioGroup>
30    </LinearLayout >
```

最后，需要监听用户选择的是男性还是女性，以便做后续操作。RadioButton 的监听是通过设置 RadioGroup 的 setOnCheckedChangeListener()方法来对单选按钮进行监听的，监听代码写在 RadioButtonDemoActivity.java 类文件里，具体代码如下。

```
1    public class RadioButtonDemoActivity extends AppCompatActivity {
2        //声明 3 个对象
3        private RadioGroup radioGroup;
4        private RadioButton manRadioButton;
5        private RadioButton womanRadioButton;
6        @Override
7        protected void onCreate(Bundle savedInstanceState) {
8            super.onCreate(savedInstanceState);
9            setContentView(R.layout.activity_radio_button_demo);
10           //通过 ID 关联对象和控件
11           radioGroup = findViewById(R.id.radio_group);
12           manRadioButton = findViewById(R.id.man_radio_button);
13           womanRadioButton = findViewById(R.id.woman_radio_button);
14           //监听用户选择结果
15           radioGroup.setOnCheckedChangeListener(new RadioGroup.OnCheckedChangeListener() {
16               @Override
17               public void onCheckedChanged(RadioGroup group, int checkedId) {
18                   switch(checkedId){
19                       //通过控件 ID 判断用户选择的是哪一个单选按钮
20                       case R.id.man_radio_button:
21                           Toast.makeText(RadioButtonDemoActivity.this,manRadioButton.
getText().toString()+"被选中",Toast.LENGTH_SHORT).show();
22                           break;
23                       case R.id.woman_radio_button:
24                           Toast.makeText(RadioButtonDemoActivity.this,womanRadioButton.
getText().toString()+"被选中",Toast.LENGTH_SHORT).show();
25                           break;
26                   }
27               }
28           });
29       }
30   }
```

2.3.2 Android UI 常用布局

一个丰富的界面常要由很多控件组成，如何让各个控件都有条不紊地摆放在界面上，这就需要借助布局。布局是一种可用于放置很多控件的容器，它能按一定规律调整内部控件的位置，从而编写出精美的界面。在 Android 应用开发中，Android 为 UI 布局提供了几种布局方式，这里给大家讲解两种常用的经典布局——线性布局和相对布局。

1. 线性布局——LinearLayout

线性布局是一种经常使用的布局。正如它的名字一样，该布局会将它所包含的控件在线性方向上依次排列。它允许它所包含的所有组件垂直或水平排列摆放，LinearLayout 的属性，如

视频讲解

表 2-7 所示。

表 2-7　LinearLayout 的属性

属　　性	属 性 说 明
id	控件 ID，在代码里通过 findViewById()方法获取到该对象，然后进行相关设置
layout_width	控件宽度
layout_height	控件高度
orientation	设置它包含的控件排列方向，horizontal（水平排列），vertical（垂直排列）
background	设置线性布局的背景，可以是一种颜色，也可以是一张图片
gravity	指定如何在该控件内放置此控件的内容，针对当前控件里面内容的摆放
layout_gravity	指当前控件在父控件里面的摆放位置

另外，在 LinearLayout 布局之中，权重是一个很重要的属性。简单来说就是按比例来分配子控件占用父控件的大小，也就是子控件可以通过设置 layout_weight 属性表示在父控件中所占的比重。如图 2-10 所示，实现了一个简单的搜索界面，在界面的水平方向上布局了一个 EditText 编辑框控件和一个 Button 控件，为了达到更好的视觉效果，实现 EditText 与 Button 控件之间的合理分布，就需要设置 layout_weight 属性，布局文件代码如下。

```
1  <?xml version="1.0" encoding="utf-8"?>
2  <LinearLayout xmlns:android="http://schemas.android.com/apk/res/android"
3      xmlns:app="http://schemas.android.com/apk/res-auto"
4      xmlns:tools="http://schemas.android.com/tools"
5      android:layout_width="match_parent"
6      android:layout_height="match_parent"
7      android:background="@color/gray"
8      android:orientation="horizontal">
9
10     <EditText
11         android:layout_width="wrap_content"
12         android:layout_height="wrap_content"
13         android:id="@+id/et_search"
14         android:layout_marginLeft="16dp"
15         android:layout_weight="3"          //设置编辑框所占整个布局的权重
16         android:textSize="24sp"
17         android:hint=" 请输入要搜索的内容">
18     </EditText>
19     <Button
20         android:layout_width="wrap_content"
21         android:layout_height="wrap_content"
22         android:id="@+id/btn_search"
23         android:layout_marginRight="16dp"
24         android:layout_weight="1"          //设置按钮所占整个布局的权重
25         android:text="搜索"
26         android:textSize="24sp"
27         >
28     </Button>
29 </LinearLayout>
```

下面以如图 2-11 所示界面为例讲解线性布局的使用。线性布局只允许它的子控件水平排列或者垂直排列，即只有一个方向，水平或垂直，而这个界面既有垂直方向排列的又有水平方向排列的，这就需要线性布局的嵌套。首先从垂直方向看，可以分成 3 块，一块用来实现姓名行，一块用来实现密码行，最后一块用来实现两个按钮，因此需要在根布局的垂直方向上布局 3 个 LinearLayout，然后在每个分布局里水平方向上设置子控件。

· 39 ·

图 2-10 layout_weight 属性应用案例　　　　图 2-11 简单的登录界面

视频讲解

新建一个名字为 LinearLayoutDemoActivity 的 Activity，并且选中 Launcher Activity 复选框使该活动作为该应用的第一个启动的界面。新建 5 个字符串词条，编辑 activity_linear_layout_demo.xml 文件，代码分别如下。

```
1  <string name="input_name">请输入您的姓名</string>
2  <string name="password">密码</string>
3  <string name="input_password">请输入您的密码</string>
4  <string name="login">登录</string>
5  <string name="register">注册</string>
```

```
1       <?xml version="1.0" encoding="utf-8"?>
2  <LinearLayout xmlns:android="http://schemas.android.com/apk/res/android"
3      xmlns:app="http://schemas.android.com/apk/res-auto"
4      xmlns:tools="http://schemas.android.com/tools"
5      android:layout_width="match_parent"
6      android:layout_height="match_parent"
7      android:orientation="vertical">
8      <LinearLayout
9          android:layout_width="match_parent"
10         android:layout_height="wrap_content"
11         android:orientation="horizontal"
12         android:layout_marginTop="60dp"
13         android:layout_marginLeft="16dp"
14         >
15         <TextView
16             android:layout_width="wrap_content"
17             android:layout_height="wrap_content"
18             android:text="@string/name"
19             android:textSize="24sp">
20         </TextView>
21         <EditText
22             android:layout_width="wrap_content"
23             android:layout_height="wrap_content"
24             android:id="@+id/et_name"
```

```
25              android:layout_marginLeft="16dp"
26              android:hint="@string/input_name">
27          </EditText>
28      </LinearLayout>
29      <LinearLayout
30          android:layout_width="match_parent"
31          android:layout_marginLeft="16dp"
32          android:layout_marginTop="20dp"
33          android:layout_height="wrap_content">
34          <TextView
35              android:layout_width="wrap_content"
36              android:layout_height="wrap_content"
37              android:text="@string/password"
38              android:textSize="24sp">
39          </TextView>
40          <EditText
41              android:layout_width="wrap_content"
42              android:layout_height="wrap_content"
43              android:id="@+id/et_password"
44              android:layout_marginLeft="16dp"
45              android:hint="@string/input_password">
46          </EditText>
47      </LinearLayout>
48      <LinearLayout
49          android:layout_width="match_parent"
50          android:layout_height="wrap_content"
51          android:layout_marginLeft="16dp"
52          android:layout_marginTop="20dp"
53          android:gravity="center"
54          android:orientation="horizontal">
55          <Button
56              android:layout_width="wrap_content"
57              android:layout_height="wrap_content"
58              android:id="@+id/btn_login"
59              android:textSize="24sp"
60              android:text="@string/login">
61          </Button>
62          <Button
63              android:layout_width="wrap_content"
64              android:layout_height="wrap_content"
65              android:id="@+id/btn_register"
66              android:textSize="24sp"
67              android:layout_marginLeft="16dp"
68              android:text="@string/register">
69          </Button>
70      </LinearLayout>
71  </LinearLayout>
```

2．相对布局——RelativeLayout

相对布局是指按照组件之间的相对位置来布局，相比于前面所学到的 LinearLayout 布局，它更加随意，可以通过相对定位的方式让控件出现在布局的任何位置。例如，在某个组件的左边、右边、上边和下边等。LinearLayout 比较简单，使用起来也容易理解，但是在复杂界面情况下，线性布局可能需要嵌套多层才能完成，相对布局相比线性布局更加灵活，使得程序屏幕更加灵活和强大，它允许子控件相对于其他子控件或相对于父控件来布局，改善了程序的性能。RelativeLayout 的属性，如表 2-8 所示。

表 2-8 RelativeLayout 的属性

分　类	属　性	属　性　说　明
基本属性	layout_width	控件宽度
	layout_height	控件高度
	background	设置布局的背景，可以是一种颜色，也可以是一张图片
	gravity	指定如何在该控件内放置此控件的内容，针对当前控件里面内容的摆放
根据兄弟控件定位位置	layout_toLeftOf	参考控件的左边
	layout_toRightOf	参考控件的右边
	layout_above	参考控件的上边
	layout_below	参考控件的下边
	layout_alignTop	对齐参考控件的上边界
	layout_alignBottom	对齐参考控件的下边界
	layout_alignLeft	对齐参考控件的左边界
	layout_alignRight	对齐参考控件的右边界
根据父容器定位位置	layout_alighParentLeft	与父容器左边对齐
	layout_alighParentRight	与父容器右边对齐
	layout_alighParentTop	与父容器上边对齐
	layout_alighParentBottom	与父容器下边对齐
	layout_centerHorizontal	在父容器水平方向居中
	layout_centerVertical	在父容器垂直方向居中
	layout_centerInParent	在父容器中间位置
padding 填充属性（设置组件内容元素的边距）	padding	往组件内部元素上、下、左、右填充一定的边距
	paddingLeft、paddingRight、paddingTop、paddingBottom	这里列出了 4 个属性，意思分别是往组件内部元素的左边、右边、上边、下边填充一定的边距
margin 偏移属性（设置组件与父容器的边距）	layout_margin	设置组件上、下、左、右各一定的偏移距离
	layout_marginLeft、layout_marginRight、layout_marginTop、layout_marginBottom	这里列出了 4 个属性，意思分别是设置组件距离左边、右边、上边、下边偏移一定的距离

　　下面用相对布局方式讲解如图 2-11 所示的登录界面的实现。新建一个名字为 RelativeLayoutDemoActivity 的活动，并且选中 Launcher Activity 复选框使该活动作为该应用的第一个启动的界面。activity_relative_layout_demo.xml 布局文件的代码如下。

视频讲解

```
1   <?xml version="1.0" encoding="utf-8"?>
2   <RelativeLayout xmlns:android="http://schemas.android.com/apk/res/android"
3       xmlns:app="http://schemas.android.com/apk/res-auto"
4       xmlns:tools="http://schemas.android.com/tools"
5       android:layout_width="match_parent"
6       android:layout_height="match_parent">
7       <TextView
8           android:layout_width="wrap_content"
9           android:layout_height="wrap_content"
10          android:id="@+id/name_textview"
11          android:text="@string/name"
12          android:layout_marginTop="60dp"
13          android:textSize="24sp"
14          android:layout_marginLeft="16dp">
15      </TextView>
16      <EditText
```

```
17          android:layout_width="wrap_content"
18          android:layout_height="wrap_content"
19          android:id="@+id/name_edittext"
20          android:hint="@string/input_name"
21          android:textSize="20sp"
22          //下面 3 行语句用来控制输入名字编辑框的位置
23          android:layout_toRightOf="@+id/name_textview"
24          android:layout_marginLeft="16dp"
25          android:layout_alignBottom="@+id/name_textview">
26      </EditText>
27      <TextView
28          android:layout_width="wrap_content"
29          android:layout_height="wrap_content"
30          android:id="@+id/password_textview"
31          android:text="@string/password"
32          android:textSize="24sp"
33          //下面语句用来控制密码文本框的位置
34          android:layout_marginTop="60dp"
35          android:layout_below="@+id/name_textview"
36          android:layout_alignLeft="@+id/name_textview">
37      </TextView>
38      <EditText
39          android:layout_width="wrap_content"
40          android:layout_height="wrap_content"
41          android:id="@+id/password_edittext"
42          android:hint="@string/input_password"
43          android:layout_marginLeft="16sp"
44          android:textSize="20sp"
45          android:layout_toRightOf="@+id/password_textview"
46          android:layout_below="@+id/name_edittext"
47          android:layout_alignBottom="@+id/password_textview">
48      </EditText>
49      <Button
50          android:layout_width="wrap_content"
51          android:layout_height="wrap_content"
52          android:id="@+id/regist"
53          android:textSize="24sp"
54          android:layout_marginTop="40dp"
55          android:text="@string/login"
56          android:layout_below="@+id/password_edittext"
57          android:layout_alignLeft="@+id/password_edittext">
58      </Button>
59      <Button
60          android:layout_width="wrap_content"
61          android:layout_height="wrap_content"
62          android:id="@+id/login"
63          android:textSize="24sp"
64          android:layout_marginTop="40dp"
65          android:text="@string/register"
66          android:layout_marginLeft="16dp"
67          android:layout_below="@+id/password_edittext"
68          android:layout_toRightOf="@+id/regist">
69      </Button>
70  </RelativeLayout>
```

2.3.3　按钮单击事件监听实现方式

　　很多时候在操作手机界面时，有单击、滑动或者触摸等动作，在 Android 里都有相应的监

视频讲解

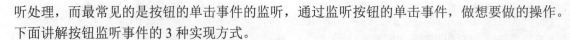
听处理，而最常见的是按钮的单击事件的监听，通过监听按钮的单击事件，做想要做的操作。下面讲解按钮监听事件的 3 种实现方式。

1. 动态配置方式

动态配置方式是一种最常见的方式，通常使用匿名内部类的方式来实现，当页面有一个或者少量按钮时比较常用，当用户单击按钮时，就会触发 onClick()方法。在这个方法里编写单击按钮后的操作代码。如下面一段代码，先声明一个 Button 对象 loginBtn，然后在 onCreate()方法里通过 findViewById()方法关联控件的 ID，最后调用对象的 setOnClickListener()监听方法实现监听，在 onClick()方法里实现单击按钮后触发的操作。

```
1   public class MainActivity extends AppCompatActivity {
2     private Button loginBtn;
3       @Override
4       protected void onCreate(Bundle savedInstanceState) {
5           super.onCreate(savedInstanceState);
6           setContentView(R.layout.activity_main);
7           loginBtn = findViewById(R.id.login_bt);
8           loginBtn.setOnClickListener(new View.OnClickListener() {
9               @Override
10              public void onClick(View view) {
11                  Toast.makeText(MainActivity.this,"您单击了该控件哦",Toast.LENGTH_LONG).
show();
12              }
13          });
```

2. 静态配置方式

静态配置方式仅限于 onClick 事件。首先在布局文件里为 Button 按钮添加一个 onClick 属性，属性的值为处理单击按钮后操作的方法的名字，然后在对应类文件里编写该方法，注意该方法是一个 public 方法，该方法名字和在 Button 里添加的 onClick 属性的值应一致，表示在这个方法里做单击按钮后的操作。在布局文件里 Button 按钮的属性设置以及类文件里方法的代码分别如下。

```
1    <Button
2        android:layout_width="wrap_content"
3        android:layout_height="wrap_content"
4        android:id="@+id/login_bt"
5        android:backgroundTint="@color/purple_500"
6        android:backgroudTintMode="src_over"
7        android:text="登录"
8        android:textColor="@color/white"
9        android:textSize="24sp"
10       android:layout_gravity="center"
11       //添加 onClick 属性
12       android:onClick="handleButtonOnClick">
13   </Button>
```

```
1    public void handleButtonOnClick(View v){
2            if(v.getId()==R.id.login_bt)
3            {
4                Toast.makeText(MainActivity.this,"您单击了该控件哦",Toast.LENGTH_LONG).show();
5            }
6       }
```

该方式也可以用于多个按钮的单击事件的监听，多个 Button 的 onClick 属性设置同一个方法，在该方法实现时通过控件的 ID 来区分用户单击的是哪一个控件，然后再分别对应处理。

3. 复用方式

该方式可以通过直接在 Activity 中实现 View.OnClickListener 接口，然后重写 onClick()方法，提供所有按钮监听事件入口的方式实现。这种方式在页面有多个按钮的情况时比较适用，在实际的项目开发中也是比较常用的方式。具体实现代码如下。

```
1   public class LinearLayoutDemoActivity extends AppCompatActivity implements View.
OnClickListener{       //实现View.OnClickListener 接口
2        private Button loginBtn;
3        private Button registerBtn;
4      @Override
5      protected void onCreate(Bundle savedInstanceState) {
6          super.onCreate(savedInstanceState);
7          setContentView(R.layout.activity_linear_layout_demo);
8          loginBtn = findViewById(R.id.btn_login);
9          registerBtn = findViewById((R.id.btn_register));
10         //注册监听
11         loginBtn.setOnClickListener(this);
12         registerBtn.setOnClickListener(this);
13     }
14 //重写 onClick()方法
15     @Override
16     public void onClick(View view) {
17         switch (view.getId()){
18             case R.id.btn_login:
19                 //实现"登录"按钮被单击后的操作
20                 break;
21             case R.id.btn_register:
22                 //实现"注册"按钮被单击后的操作
23                 break;
24         }
25     }
26 }
```

复用方式的另一种实现形式：可以通过在类文件里定义一个监听器，然后注册所有按钮的监听器为该监听器，最后在 onClick()方法里通过 View 对象的 getId()方法来处理不同按钮被单击后的操作。

2.3.4　活动之间的信使——Intent

在讲解 Intent 之前，先了解活动，也就是 Activity。Activity 是 Android 应用的重要组成单元之一，提供了和用户交互的可视化界面。一个 Activity 代表手机屏幕的一屏，或是平板电脑中的一个窗口。每个 Activity 都关联一个类文件和一个布局文件，从前面的学习中，已经了解到布局界面的作用是设计和实现界面的展示，类文件主要用于实现处理逻辑操作的代码。

一个活动是手机 App 里的一个界面，一个应用常有多个界面，每个界面就像人从出生到死亡的过程一样，有 4 个重要状态。活动的 4 个重要状态，如表 2-9 所示。

表 2-9　活动的 4 个重要状态

活 动 状 态	状 态 说 明
活动状态（running）	当前 Activity 位于 Activity 栈顶，用户可见，并且可以获得焦点
暂停状态（pause）	当前 Activity 仍然可见，但失去了焦点，无法和用户进行交互
停止状态（stop）	当前 Activity 不可见，被其他 Activity 所覆盖，但是它仍然保存所有的状态和信息
销毁状态（destroy）	当前 Activity 被销毁正等待着 Android 系统回收

活动从创建到运行直到最后销毁的生命周期如图 2-12 所示，其经历的 7 个重要的方法，具体如下。

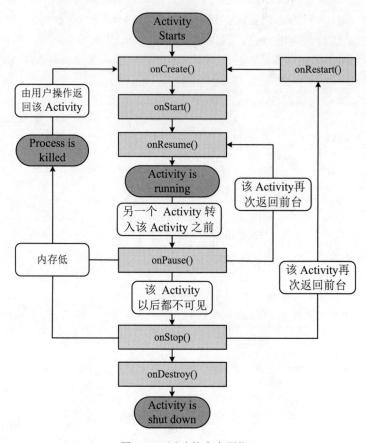

图 2-12　活动的生命周期

❖ onCreate()：当单击 Activity 时，系统首先会调用 Activity 的 onCreate()方法，在这个方法中会调用初始化当前布局的 setContentLayout()方法。

❖ onStart()：onCreate()方法完成后，Activity 实际上进入 onStart()方法中，当前 Activity 是用户可见状态，但是需要注意的一点是此时 Activity 没有焦点，与用户是不能进行交互的，一般可在这个方法中做一些动画的初始化操作。

❖ onResume()：onStart()方法完成后，Activity 进入 onResume()方法中，当前 Activity 状态是属于运行状态可与用户进行交互。所以 Activity 从创建到展示给用户可交互的界面经历了 onCreate()→onStart()→onResume()这 3 个生命周期的方法。

❖ onPause()：当另外一个 Activity 覆盖了当前的 Acitivty 时，如单击一个按钮跳转到下一个界面，这时候当前的 Activity 进入 onPause()方法中，此时当前的 Activity 是可见的，但是它不能和用户进行交互。

❖ onStop()：onPause()方法完成后，Activity 进入 onStop()方法。这时 Activity 对用户是不可见的且在系统内存紧张的情况下，它是有可能会被 Android 系统进行回收的，所以一般在当前方法，可以做一些资源回收的操作。

❖ onDestory()：onStop()方法完成后，Activity 会被压入活动管理栈里，或者进入 onDestory()方法中。

❖ onRestart()：由于活动之间的跳转，从当前界面跳转到另一个界面后，当前界面就退到了栈中，然后从另一个界面再返回此前界面时，会调用 onRestart()方法使此前活动返回到前台。

在一个 Android 应用中会存在多个活动，接下来将讲解活动之间是如何通信的，活动之间的信使——Intent。

Intent 是 Android 应用中的一种消息传递机制，通过 Intent 对象实现其他应用组件之间的通信。通常 Intent 用于启动活动、启动服务以及发送广播，根据启动活动的方式将 Intent 分为显式 Intent 和隐式 Intent 两种。

1．显式 Intent

显式 Intent 是指在创建 Intent 对象时，指定了要启动的特定组件。例如，下面的代码，在 Intent 构建对象的方法中指明了要启动的活动，构造方法中有两个参数，第一个参数指当前活动，第二个参数指要跳转到的活动也就是目标活动，下面的代码意思是创建一个从名字为 MainActivity 活动跳转到名字为 AnotherActivity 活动的 intent 对象，然后调用 startActivity()方法启动 intent，实现活动之间的跳转，当然也可以通过 startActivityForResult()方法实现请求式的启动另一个活动。

```
1    Intent intent = new Intent(MainActivity.this,AnotherActivity.class);
2    startActivity(intent);
```

2．隐式 Intent

隐式 Intent 与显式 Intent 相反，它不指明要启动的组件，而是指明要执行的操作，让系统去选择可完成该操作的组件。例如，下面的代码在创建 intent 时，指明要执行的操作 Intent.ACTION_VIEW 也就是 action，有时候还需要设置 category，所有设置了同样 action 和 category 的 App 的活动都可以被启动，如果手机上有多个可以执行的 App，而没有默认应用，会弹出一个对话框让用户自己选择是通过手机自带浏览器还是 QQ 浏览器等打开百度的网址。

```
1    Intent browserIntent = new Intent(Intent.ACTION_VIEW);
2    browserIntent.setData(Uri.parse("https://www.baidu.com"));
3    startActivity(browserIntent);
```

现在讲解活动里的 intent-filter，也称作 Intent 的过滤器，顾名思义"过滤器"就是起到过滤作用的，也就是限制活动启动的。打开 AndroidManifest.xml 文件，在 activity 标签里能够看到如下代码，其中<intent-filter>标签里设置了一条 action 和一条 category，action 表示操作，代码指明了该界面是主界面，当然也可以设置其他的 action，也可以自定义一个字符串，category 用来表示 action 的类别，"android.intent.category.LAUNCHER"表示 Activity 显示顶级程序列表中，常用的有"android.intent.category.DEFAULT" 默认 category，"android.intent.category.BROWSABLE" 指定该活动能被浏览器安全调用等，详细内容请读者查阅官方网站学习。当在代码中隐式启动一个活动时，通过 action、category 等属性的匹配，就可以启动该活动，所以隐式启动活动当有多个匹配上时，会出现对话框让用户进行选择。

```
1    <activity
2        android:name=".MainActivity"
3        android:exported="true">
4        <intent-filter>
5            <action android:name="android.intent.action.MAIN" />
6            <category android:name="android.intent.category.LAUNCHER" />
```

```
7            </intent-filter>
8        </activity>
```

活动与活动之间的跳转是通过 Intent 来实现的，活动之间的跳转包括本应用内活动与活动之间的跳转和本应用的活动跳转到其他应用活动之间的跳转。本应用内活动之间跳转一般用显式 Intent 跳转实现，与其他应用的活动之间的跳转用隐式方式实现，跳转到其他应用活动经常用到跳转到浏览器应用打开一个网页，跳转到拨号盘界面打电话给某个手机号，跳转到地图应用查看地理位置，或者跳转到发短信界面给某个手机号。下面通过实现如图 2-13 所示的具体案例来演示 Intent 实现活动之间跳转的方法。

视频讲解

图 2-13   Intent 实现活动之间跳转

新建一个名字为 IntentDemoActivity 的 Activity，并且选中 Launcher Activity 复选框使该活动作为该应用的第一个启动界面。打开 activity_intent_demo.xml 编写布局代码如下，该布局为比较简单的线性布局的垂直方向上排列 4 个 Button 按钮。

```
1    <?xml version="1.0" encoding="utf-8"?>
2    <LinearLayout xmlns:android="http://schemas.android.com/apk/res/android"
3        xmlns:app="http://schemas.android.com/apk/res-auto"
4        xmlns:tools="http://schemas.android.com/tools"
5        android:layout_width="match_parent"
6        android:layout_height="match_parent"
7        android:layout_marginLeft="16dp"
8        android:orientation="vertical">
9        <Button
10            android:layout_width="wrap_content"
11            android:layout_height="wrap_content"
12            android:id="@+id/go"
13            android:text="跳转到应用内其他活动"
14            android:textSize="24sp">
15        </Button>
16        <Button
17            android:layout_width="wrap_content"
18            android:layout_height="wrap_content"
19            android:id="@+id/go_browser"
20            android:text="跳转到浏览器"
21            android:textSize="24sp">
22        </Button>
23        <Button
24            android:layout_width="wrap_content"
25            android:layout_height="wrap_content"
26            android:id="@+id/go_call"
27            android:text="跳转到拨号盘"
28            android:textSize="24sp">
29        </Button>
30        <Button
31            android:layout_width="wrap_content"
32            android:layout_height="wrap_content"
33            android:id="@+id/go_send_msg"
34            android:text="跳转到发短信"
```

```
35              android:textSize="24sp">
36          </Button>
37      </LinearLayout>
```

接下来编写 IntentDemoActivity.java 类文件，代码如下。

```
1    public class IntentDemoActivity extends AppCompatActivity  implements View.
OnClickListener{
2        //声明对象
3        private Button goAnotherActivityBtn;
4        private Button goBrowserBtn;
5        private Button goCallBtn;
6        private Button goSendMsgBtn;
7        @Override
8        protected void onCreate(Bundle savedInstanceState) {
9            super.onCreate(savedInstanceState);
10           setContentView(R.layout.activity_intent_demo);
11           //通过 id 关联对象和控件
12           goAnotherActivityBtn = findViewById(R.id.go);
13           goBrowserBtn =findViewById(R.id.go_browser);
14           goCallBtn = findViewById(R.id.go_call);
15           goSendMsgBtn = findViewById(R.id.go_send_msg);
16           //注册监听
17           goAnotherActivityBtn.setOnClickListener(this);
18           goBrowserBtn.setOnClickListener(this);
19           goCallBtn.setOnClickListener(this);
20           goSendMsgBtn.setOnClickListener(this);
21       }
22       @Override
23       public void onClick(View view) {
24           //根据控件 ID 的不同，监听不同的控件，实现不同的处理操作
25           switch (view.getId()) {
26               //显式地跳转到本应用其他活动
27               case R.id.go:
28                   Intent intent = new Intent(IntentDemoActivity.this,AnotherActivity.class);
29                   startActivity(intent);
30                   break;
31                   //隐式地跳转到其他应用活动
32               case R.id.go_browser:
33                   //跳转到浏览器，通过浏览器打开百度网页
34                   Intent browserIntent = new Intent(Intent.ACTION_VIEW);
35                   browserIntent.setData(Uri.parse("https://www.baidu.com"));
36                   startActivity(browserIntent);
37                   break;
38               case R.id.go_call:
39                   //跳转到拨号盘界面，显示打电话给1008611，也可以换成别的手机号码
40                   Intent callIntent = new Intent(Intent.ACTION_DIAL);
41                   callIntent.setData(Uri.parse("tel:1008611"));
42                   startActivity(callIntent);
43                   break;
44               case R.id.go_send_msg:
45                   //跳转到发短信界面，显示发短信给1008611，也可以换成别的手机号码
46                   Intent intentMsg = new Intent(Intent.ACTION_SENDTO);
47                   intentMsg.setData(Uri.parse("smsto:1008611"));
48                   startActivity(intentMsg);
49                   break;
50           }
51       }
52   }
```

很多时候需要在活动之间跳转时传递数据。在 Android 应用中，通过 Intent 对象实现其他应

用组件之间的通信时，可以调用 Intent 中提供的 putExtra()方法，把需要传递的数据暂存在 Intent 中，目标组件可通过调用各种 getXXXExtra()方法，提取 Intent 对象中封装的数据。

根据传递的数据类型分为简单数据的传递和对象类型数据的传递。简单数据的传递是指将简单数据如字符串、整数、浮点数等各种简单数据类型的数据，通过 putExtra(name,value)方法封装到 Intent 对象中，代码如下，其中这里的第一个参数表示数据名称的字符串，value 为要传递的各种简单数据类型的值，也可以理解为<key,value>的结构。

```
1   Intent intent = new Intent(IntentDemoActivity.this,AnotherActivity.class);
2   //封装简单的字符串数据和整型数据
3   intent.putExtra("name","zhangsan");
4   intent.putExtra("age",23);
5   startActivity(intent);
```

在目标 Activity 里调用各种 getXXXExtra()方法，通过 putExtra(name,value)方法里的 name 来提取 Intent 对象中封装的数据，代码如下。

```
1   Intent intent = getIntent();
2   //提取字符串类型数据
3   String name = intent.getStringExtra("name");
4   //提取整型数据
5   int age = intent.getIntExtra("age",0);
```

对象类型数据的传递是将对象类型的数据封装到 Intent 对象中，进行传递，这时，putExtra (name,value)方法中的 value 为要传递的数据对象，这里注意对象类要支持序列化，让类实现 Java 内置的 Serializable 接口或者实现 Android 提供的 Parcelable 接口，即可使类对象支持序列化。例如，下面 Student 对象类的代码。

```
1    public class Student implements Serializable {    //实现序列化接口
2        private String name;
3        private int age;
4        public Student(String name, int age) {
5            this.name = name;
6            this.age = age;
7        }
8        public String getName() {
9            return name;
10       }
11       public void setName(String name) {
12           this.name = name;
13       }
14       public int getAge() {
15           return age;
16       }
17       public void setAge(int age) {
18           this.age = age;
19       }
20   }
```

对象类型数据传递时发送和接收部分代码分别如下。

```
1   Intent intent = new Intent(IntentDemoActivity.this,AnotherActivity.class);
2   //封装对象类型的数据
3   Student student = new Student("zhagnsan",23);
4   intent.putExtra("student",student);
5   startActivity(intent);
```

```
1   Intent intent = getIntent();
2   Student student = (Student) intent.getSerializableExtra("student");
```

<h1 style="text-align:center">2.4 项 目 实 战</h1>

2.4.1 实现订餐页面

本项目运用本章所学知识，包括 Android UI 基本控件、Android 基本 UI 布局、Button 事件监听机制的实现以及活动之间的跳转、活动之间数据的传递等完成一个蛋炒饭订餐项目。项目共包括两个界面：一个是订餐页面，一个是订单详情界面。订餐界面包括订餐的价格、份量、食材等信息以及订餐人的姓名、联系电话等个人信息，完成订餐选项后进入订单详情界面，确认订单信息后将订餐信息以短信的方式发送给商家。

1. 知识点

（1）Android UI 基本控件。

（2）Android 基本 UI 布局。

（3）Button 事件监听机制的实现。

（4）活动之间的跳转。

（5）活动之间数据的传递。

2. 任务要求

（1）完成订餐页面的设计与实现。

（2）完成订餐功能的实现。

3. 操作流程

（1）创建项目。打开 Android Studio，选择 File→New→New Project 命令，创建名称为 FriedRiceApplication 的应用，默认创建 MainActivity 的活动。

（2）设计订餐界面。根据项目任务，订餐界面包括订餐的价格、份量、食材等信息以及订餐人的姓名、联系电话等个人信息，效果如图 2-14 所示。

从效果图来看，可以将整体分成垂直方向上的 4 部分：第一部分展示个人信息，第二部分展示蛋炒饭的份数，第三部分选择添加其他配料，最后一部分是单击"提交订单"按钮完成订单的提交。第一部分通过相对布局来排列各个控件，第二部分通过线性布局水平方向上设计控件布局，第三部分可以设置线性布局的垂直方向控制控件的排列。设计图与组件结构，如图 2-15 所示。

（3）实现布局界面。根据设计思路，接下来实现布局界面的代码。首先将界面中需要的两张图片资源放到资源文件的 mipmap 目录下的对应分辨率文件夹里，然后在 colors.xml 文件里增加一条 Button 按钮的背景颜色，最后编写 activity_main.xml 文件代码，整体在线性布局垂直方向上分成 4 部分，代码分别如下。

视频讲解

```
1    <color name="gray">#D3CFCF</color>
```

```
1    <?xml version="1.0" encoding="utf-8"?>
2    <LinearLayout xmlns:android="http://schemas.android.com/apk/res/android"
3        xmlns:app="http://schemas.android.com/apk/res-auto"
4        xmlns:tools="http://schemas.android.com/tools"
5        android:layout_width="match_parent"
6        android:layout_height="match_parent"
7        android:orientation="vertical"
```

```
8       tools:context=".MainActivity">
9       <RelativeLayout
10          android:layout_width="match_parent"
11          android:layout_height="wrap_content"
12          android:layout_marginTop="20dp"
13          android:layout_marginLeft="16dp"
14          android:layout_marginRight="16dp"
15          >
16      </RelativeLayout>
17      <LinearLayout
18          android:layout_width="match_parent"
19          android:layout_height="wrap_content"
20          android:orientation="horizontal"
21          android:layout_marginTop="20dp"
22          android:layout_marginLeft="16dp"
23          android:layout_marginRight="16dp"
24          >
25      </LinearLayout>
26      <LinearLayout
27          android:layout_width="match_parent"
28          android:layout_height="wrap_content"
29          android:orientation="vertical"
30          android:layout_marginRight="16dp"
31          android:layout_marginLeft="16dp">
32      </LinearLayout>
33      <Button
34          android:layout_width="wrap_content"
35          android:layout_height="wrap_content"
36          android:id="@+id/submit"
37          android:layout_marginTop="20dp"
38          android:textSize="24sp"
39          android:layout_gravity="center"
40          android:backgroundTint="@color/gray"
41          android:text="提交订单">
42      </Button>
43  </LinearLayout>
```

图 2-14　订餐界面效果图

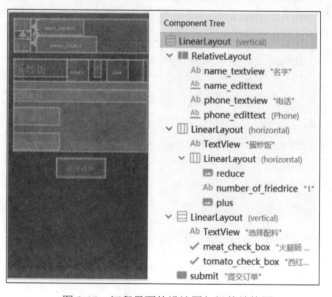

图 2-15　订餐界面的设计图与组件结构图

接下来在相对布局<RelativeLayout>标签里完成个人信息部分的展示，代码如下。

```
1    <RelativeLayout
2        android:layout_width="match_parent"
3        android:layout_height="wrap_content"
4        android:layout_marginTop="20dp"
5        android:layout_marginLeft="16dp"
6        android:layout_marginRight="16dp"
7        >
8        <TextView
9            android:layout_width="wrap_content"
10           android:layout_height="wrap_content"
11           android:id="@+id/name_textview"
12           android:text="名字"
13           android:textSize="24sp"
14           ></TextView>
15       <EditText
16           android:id="@+id/name_edittext"
17           android:layout_width="wrap_content"
18           android:layout_height="wrap_content"
19           android:layout_marginLeft="16dp"
20           android:layout_toRightOf="@+id/name_textview"
21           android:hint="请输入您的名字"
22           ></EditText>
23       <TextView
24           android:layout_width="wrap_content"
25           android:layout_height="wrap_content"
26           android:id="@+id/phone_textview"
27           android:text="电话"
28           android:textSize="24sp"
29           android:layout_below="@+id/name_textview"
30           android:layout_alignLeft="@+id/name_textview"
31           android:layout_marginTop="20dp"
32           ></TextView>
33       <EditText
34           android:id="@+id/phone_edittext"
35           android:layout_width="wrap_content"
36           android:layout_height="wrap_content"
37           android:layout_below="@+id/name_edittext"
38           android:layout_marginLeft="16dp"
39           android:layout_toRightOf="@+id/phone_textview"
40           android:hint="请输入您的联系电话"
41           android:digits="1234567890"
42           android:inputType="phone"
43           ></EditText>
44   </RelativeLayout>
```

　　第二部分蛋炒饭的份数，整体是水平方向上排列控件，用一个文本显示"蛋炒饭"，一个文本显示选择的份数，两个 ImageButton 用来控制份数的增减，这里使用 ImageButton 因为有两个图片来展示加和减，代码如下。

```
1    <LinearLayout
2        android:layout_width="match_parent"
3        android:layout_height="wrap_content"
4        android:orientation="horizontal"
5        android:layout_marginTop="20dp"
6        android:layout_marginLeft="16dp"
7        android:layout_marginRight="16dp"
8        >
9        <TextView
10           android:layout_width="wrap_content"
11           android:layout_height="wrap_content"
```

```
12          android:layout_weight="1"
13          android:textSize="36sp"
14          android:text="蛋炒饭"
15          ></TextView>
16      <LinearLayout
17          android:layout_width="wrap_content"
18          android:layout_height="wrap_content"
19          android:layout_weight="1"
20          android:layout_marginRight="16dp"
21          android:orientation="horizontal">
22          <ImageButton
23              android:id="@+id/reduce"
24              android:layout_width="60dp"
25              android:layout_height="60dp"
26              android:background="@mipmap/reduce"
27              ></ImageButton>
28          <TextView
29              android:layout_width="wrap_content"
30              android:layout_height="wrap_content"
31              android:layout_marginLeft="16dp"
32              android:id="@+id/number_of_friedrice"
33              android:text="1"
34              android:textSize="36sp">
35          </TextView>
36          <ImageButton
37              android:id="@+id/plus"
38              android:layout_width="60dp"
39              android:layout_height="60dp"
40              android:layout_marginLeft="16dp"
41              android:background="@mipmap/plus"
42              ></ImageButton>
43      </LinearLayout>
44  </LinearLayout>
```

第三部分选择添加其他配料，整体线性布局垂直方向上是设计一个文本框，两个复选框供用户选择，代码如下。

```
1   <LinearLayout
2       android:layout_width="match_parent"
3       android:layout_height="wrap_content"
4       android:orientation="vertical"
5       android:layout_marginRight="16dp"
6       android:layout_marginLeft="16dp">
7       <TextView
8           android:layout_width="match_parent"
9           android:layout_height="wrap_content"
10          android:text="选择配料"
11          android:textSize="24sp"
12          android:layout_marginTop="20dp"
13          >
14      </TextView>
15      <CheckBox
16          android:layout_width="wrap_content"
17          android:layout_height="wrap_content"
18          android:layout_marginTop="20dp"
19          android:id="@+id/meat_check_box"
20          android:text="火腿肠 ￥3"
21          android:textSize="20sp">
22      </CheckBox>
23      <CheckBox
```

```
24            android:layout_width="wrap_content"
25            android:layout_height="wrap_content"
26            android:layout_marginTop="20dp"
27            android:id="@+id/tomato_check_box"
28            android:text="西红柿 ￥2"
29            android:textSize="20sp">
30        </CheckBox>
31    </LinearLayout>
```

（4）完成订餐功能的实现。接下来在类文件里编写 Java 代码，实现订餐逻辑。首先声明所需要的控件，并且通过 findViewById()方法关联对象和控件，设置按钮的监听，代码如下。

```
1    public class MainActivity extends AppCompatActivity implements View.OnClickListener{
2        //声明控件对象
3        private EditText nameEditText;
4        private EditText phoneEditText;
5        private TextView numOfFriedRiceTextView;
6        private ImageButton reduceButton;
7        private ImageButton plusButton;
8        private Button submitButton;
9        private CheckBox meatCheckBox;
10       private CheckBox tomatoCheckBox;
11       @Override
12       protected void onCreate(Bundle savedInstanceState) {
13           super.onCreate(savedInstanceState);
14           setContentView(R.layout.activity_main);
15           //关联对象和控件，这里控件较多，封装了一个方法
16           initView();
17       }
18       private void initView() {
19           nameEditText = findViewById(R.id.name_edittext);
20           phoneEditText = findViewById(R.id.phone_edittext);
21           numOfFriedRiceTextView= findViewById(R.id.number_of_friedrice);
22           meatCheckBox = findViewById(R.id.meat_check_box);
23           tomatoCheckBox = findViewById(R.id.tomato_check_box);
24           reduceButton = findViewById(R.id.reduce);
25           plusButton = findViewById(R.id.plus);
26           submitButton = findViewById(R.id.submit);
27           //注册按钮的监听处理
28           reduceButton.setOnClickListener(this);
29           plusButton.setOnClickListener(this);
30           submitButton.setOnClickListener(this);
31       }
32       //实现监听事件的处理
33       @Override
34       public void onClick(View view) {
35
36       }
37
38   }
```

重写 onClick()方法，在该方法里通过 ID 来处理两个 ImageButton 和提交 Button 的单击逻辑。首先单击增加一份的按钮之后，要显示增加一份，并且总的价格要增加 1 倍，所以需要设置 3 个变量用来控制蛋炒饭的份数、总的价格、一份蛋炒饭的固定价格。在 onCreate()方法的上面，控件对象声明的下面，添加 3 行代码，然后实现两个 ImageButton 的单击事件处理，代码如下。

```
1    private int numOfFriedRice = 1;
2    private float toalPrice =0.0f;
```

```
3      private static final float PRICE_FRIEDRICE =8.0f;
```

```
1      public void onClick(View view) {
2              switch (view.getId()) {
3                  case R.id.reduce:
4                      if (numOfFriedRice == 1) {
5                          //特殊情况判断
6                          Toast.makeText(MainActivity.this, "至少点一份哦", Toast.LENGTH_
LONG).show();
7                      } else {
8                          //正常逻辑，份数减少一份，并且将当前份数显示在文本框内
9                          numOfFriedRice--;
10                         numOfFriedRiceTextView.setText(numOfFriedRice + " ");
11                     }
12                     break;
13                 case R.id.plus:
14                     //正常逻辑，份数增加一份，并且将当前份数显示在文本框内
15                     numOfFriedRice++;
16                     numOfFriedRiceTextView.setText(numOfFriedRice + " ");
17                     break;
18             }
19         }
```

"提交订单"按钮的功能需要完成收集用户的个人信息，通过用户选择的蛋炒饭的份数和配料情况记录订单详细信息以及计算订单总的价格，最后通过 Intent 将订单信息发送到订单详情界面，并跳转到订单详情界面。首先创建一个名字为 OrderInfoActivity 的活动，这时候注意不要选中 Launcher Activity 复选框。然后编写单击"提交订单"按钮的事件监听逻辑，这里单独封装了一个方法来实现，记得在重写的 onClick() 方法里增加一条 case 语句以完成方法的调用，代码分别如下。

```
1      private void handleSubmitButton() {
2              //获取用户信息
3              String name = nameEditText.getText().toString();
4              String phone = phoneEditText.getText().toString();
5              if(phone.equals("")){
6                  Toast.makeText(MainActivity.this,"请输入电话号码",Toast.LENGTH_LONG).show();
7                  return;
8              }
9              //记录订单信息，通过选择的订单的份数计算当前总的价格
10             String msg = "订单信息:\n"+"姓名: "+name+"\n"+ "电话:"+phone+"\n";
11             msg =msg+"订单数量:"+numOfFriedRice+"\n";
12             toalPrice = numOfFriedRice*PRICE_FRIEDRICE;
13             //判断用户选择配料的情况，根据选择计算总的价格
14             if(meatCheckBox.isChecked()){
15                 toalPrice=toalPrice+3;
16                 msg = msg+"是否加火腿肠:是\n";
17             }else{
18                 msg = msg+"是否加火腿肠:否\n";
19             }
20             if(tomatoCheckBox.isChecked()){
21                 toalPrice = toalPrice+2;
22                 msg = msg+"是否加西红柿:是\n";
23             }else{
24                 msg = msg+"是否加西红柿:否\n";
25             }
26             msg = msg+"订单总价: ￥"+toalPrice+"\n";
27             //将订单信息发送到订单界面，并进入订单详情界面
28             Intent intent =new Intent(MainActivity.this,OrderInfoActivity.class);
```

```
29              intent.putExtra("msg",msg);
30              startActivity(intent);
31          }
```

```
1   case R.id.submit:
2                   handleSubmitButton();
3                   break;
```

最后完整的类文件里的代码如下。

```
1   public class MainActivity extends AppCompatActivity implements View.OnClickListener{
2       //声明控件对象
3       private EditText nameEditText;
4       private EditText phoneEditText;
5       private TextView numOfFriedRiceTextView;
6       private ImageButton reduceButton;
7       private ImageButton plusButton;
8       private Button submitButton;
9       private CheckBox meatCheckBox;
10      private CheckBox tomatoCheckBox;
11      private int numOfFriedRice = 1;
12      private float toalPrice =0.0f;
13      private static final float PRICE_FRIEDRICE =8.0f;
14      @Override
15      protected void onCreate(Bundle savedInstanceState) {
16          super.onCreate(savedInstanceState);
17          setContentView(R.layout.activity_main);
18          //关联对象和控件，这里控件较多，封装了一个方法
19          initView();
20      }
21      private void initView() {
22          nameEditText = findViewById(R.id.name_edittext);
23          phoneEditText = findViewById(R.id.phone_edittext);
24          numOfFriedRiceTextView= findViewById(R.id.number_of_friedrice);
25          meatCheckBox = findViewById(R.id.meat_check_box);
26          tomatoCheckBox = findViewById(R.id.tomato_check_box);
27          reduceButton = findViewById(R.id.reduce);
28          plusButton = findViewById(R.id.plus);
29          submitButton = findViewById(R.id.submit);
30          //注册按钮的监听处理
31          reduceButton.setOnClickListener(this);
32          plusButton.setOnClickListener(this);
33          submitButton.setOnClickListener(this);
34      }
35      //实现监听事件的处理
36      @Override
37      public void onClick(View view) {
38          switch (view.getId()) {
39              case R.id.reduce:
40                  if (numOfFriedRice == 1) {
41                      //特殊情况判断
42                      Toast.makeText(MainActivity.this, "至少点一份哦", Toast.LENGTH_
LONG).show();
43                  } else {
44                      //正常逻辑，份数减少一份，并且将当前份数显示在文本框内
45                      numOfFriedRice--;
46                      numOfFriedRiceTextView.setText(numOfFriedRice + " ");
47                  }
48                  break;
49              case R.id.plus:
```

```
50              //正常逻辑，份数增加一份，并且将当前份数显示在文本框内
51              numOfFriedRice++;
52              numOfFriedRiceTextView.setText(numOfFriedRice + " ");
53              break;
54          case R.id.submit:
55              handleSubmitButton();
56              break;
57      }
58  }
59  private void handleSubmitButton() {
60      //获取用户信息
61      String name = nameEditText.getText().toString();
62      String phone = phoneEditText.getText().toString();
63      if(phone.equals("")){
64          Toast.makeText(MainActivity.this,"请输入电话号码",Toast.LENGTH_LONG).show();
65          return;
66      }
67      //记录订单信息，通过选择的订单的份数计算当前总的价格
68      String msg = "订单信息:\n"+"姓名: "+name+"\n"+ "电话:"+phone+"\n";
69      msg =msg+"订单数量:"+numOfFriedRice+"\n";
70      toalPrice = numOfFriedRice*PRICE_FRIEDRICE;
71      //判断用户选择配料的情况，根据选择计算总的价格
72      if(meatCheckBox.isChecked()){
73          toalPrice=toalPrice+3;
74          msg = msg+"是否加火腿肠:是\n";
75      }else{
76          msg = msg+"是否加火腿肠:否\n";
77      }
78      if(tomatoCheckBox.isChecked()){
79          toalPrice = toalPrice+2;
80          msg = msg+"是否加西红柿:是\n";
81      }else{
82          msg = msg+"是否加西红柿:否\n";
83      }
84      msg = msg+"订单总价: ¥ "+toalPrice+"\n";
85      //将订单信息发送到订单界面，并进入订单详情界面
86      Intent intent =new Intent(MainActivity.this,OrderInfoActivity.class);
87      intent.putExtra("msg",msg);
88      startActivity(intent);
89  }
90 }
```

视频讲解

2.4.2 实现订单详情界面

1. 知识点

（1）Android UI 基本控件。

（2）Android 基本 UI 布局。

（3）Button 事件监听机制的实现。

（4）活动之间的跳转。

（5）活动之间数据的传递。

2. 任务要求

（1）完成订单详情页面的设计与实现。

（2）完成订单信息发送功能的实现。

3．操作流程

1）设计订单详情界面

订单详情界面用来显示用户选择的订单信息，并给予确认，确认无误后提交确认发送订单信息给商家，完成订单信息的确认和提交功能。订单详情界面效果图如图 2-16 所示。

从效果图来看，该界面比较简单，可以通过在线性布局的垂直方向上设置两个文本框和一个 Button 按钮来完成。设计图与组件结构图，如图 2-17 所示。

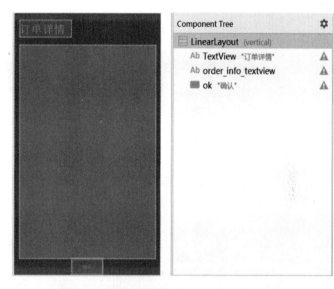

图 2-16　订单详情界面效果图　　　　图 2-17　订单详情界面的设计图与组件结构图

2）实现订单详情布局界面

根据设计思路，接下来实现订单详情布局界面的代码。首先在 colors.xml 文件里增加一条文本框背景颜色的语句，然后编写 activity_order_info.xml 文件代码，整体在线性布局垂直方向上布局 3 个控件，代码分别如下。

```
1    <color name="orange">#FF5722</color>
```

```
1    <?xml version="1.0" encoding="utf-8"?>
2    <LinearLayout xmlns:android="http://schemas.android.com/apk/res/android"
3        xmlns:app="http://schemas.android.com/apk/res-auto"
4        xmlns:tools="http://schemas.android.com/tools"
5        android:layout_width="match_parent"
6        android:layout_height="match_parent"
7        android:orientation="vertical"
8        tools:context=".OrderInfoActivity">
9        <TextView
10           android:layout_width="wrap_content"
11           android:layout_height="wrap_content"
12           android:text="订单详情"
13           android:textSize="36sp"
14           android:layout_marginLeft="16dp"
15           android:layout_marginTop="20dp">
16       </TextView>
17       <TextView
18           android:layout_width="match_parent"
19           android:layout_height="wrap_content"
```

```
20              android:id="@+id/order_info_textview"
21              android:layout_marginRight="16dp"
22              android:layout_weight="1"
23              android:textSize="24sp"
24              android:background="@color/orange"
25              android:layout_marginLeft="16dp"
26              android:layout_marginTop="20dp">
27          </TextView>
28          <Button
29              android:layout_width="wrap_content"
30              android:layout_height="wrap_content"
31              android:id="@+id/ok"
32              android:text="确认"
33              android:layout_gravity="center">
34          </Button>
35      </LinearLayout>
```

3）实现订单详情信息展示

订单详情信息是从订餐界面通过 Intent 发送过来的，所以在该界面通过 Intent 的解析数据的方法获取传递过来的数据，并且展示到订单详情文本框里。首先声明一个显示订单信息的文本框，然后声明一个字符串来接收个人信息和订单信息，代码如下。

```
1   public class OrderInfoActivity extends AppCompatActivity {
2       //声明控件对象
3       private TextView orderInfoTextView;
4       //声明3个字符串变量，用来接收信息
5       private String msg;
6       @Override
7       protected void onCreate(Bundle savedInstanceState) {
8           super.onCreate(savedInstanceState);
9           setContentView(R.layout.activity_order_info);
10          orderInfoTextView=findViewById(R.id.order_info_textview);
11          //获取接收的信息
12          Intent intent = getIntent();
13          msg = intent.getStringExtra("msg");
14          //将接收的信息展示在文本框里
15          orderInfoTextView.setText(msg);
16      }
17  }
```

4）实现订单确认按钮功能

订单确认按钮主要完成将信息通过短信的方式发送给商家，这里首先声明一个 Button 控件对象和一个商家电话的常量，然后处理 Button 的单击事件的监听，代码如下。

```
1   //声明Button控件对象
2   private Button okBtn;
3   private final String PHONE_OF_BOSS="13550358888";
```

```
1   //关联对象和控件，并设置单击监听处理事件
2   okBtn=findViewById(R.id.ok);
3   okBtn.setOnClickListener(new View.OnClickListener() {
4   @Override
5   public void onClick(View v) {
6       //跳转到发短信界面
7       Intent sendMsgIntent = new Intent(Intent.ACTION_SENDTO);
8       //设置传递的数据，发短信给谁以及短信内容
9       sendMsgIntent.setData(Uri.parse("smsto:"+PHONE_OF_BOSS));
10      sendMsgIntent.putExtra("sms_body",msg);
11      //启动活动
```

```
12          startActivity(sendMsgIntent);
13      }
14  });
```

最后，订单详情界面完整的类文件，代码如下。

```
1   public class OrderInfoActivity extends AppCompatActivity {
2       //声明控件对象
3       private TextView orderInfoTextView;
4       //声明字符串变量，用来接收信息
5       private String msg;
6       //声明 Button 控件对象
7       private Button okBtn;
8       private final String PHONE_OF_BOSS="13550358888";
9       @Override
10      protected void onCreate(Bundle savedInstanceState) {
11          super.onCreate(savedInstanceState);
12          setContentView(R.layout.activity_order_info);
13          orderInfoTextView=findViewById(R.id.order_info_textview);
14          //获取接收的信息
15          Intent intent = getIntent();
16          msg = intent.getStringExtra("msg");
17          //将接收的信息展示在文本框里
18          orderInfoTextView.setText(msg);
19          //关联对象和控件，并设置单击监听处理事件
20          okBtn=findViewById(R.id.ok);
21          okBtn.setOnClickListener(new View.OnClickListener() {
22              @Override
23              public void onClick(View v) {
24                  //跳转到发短信界面
25                  Intent sendMsgIntent = new Intent(Intent.ACTION_SENDTO);
26                  //设置传递的数据，发短信给谁以及短信内容
27                  sendMsgIntent.setData(Uri.parse("smsto:"+PHONE_OF_BOSS));
28                  sendMsgIntent.putExtra("sms_body",msg);
29                  //启动活动
30                  startActivity(sendMsgIntent);
31              }
32          });
33      }
34  }
```

2.5　小　　结

本章首先讲解了几种常见的 Android UI 控件和 Android UI 的常见布局，然后讲解了按钮单击事件的监听实现方法，接下来重点讲解了 Android 里的活动，活动之间的信使 Intent，还讲解了活动之间的跳转以及数据的传递，最后通过"蛋炒饭订餐"项目的实现贯穿前面所学的知识。"蛋炒饭订餐"项目虽然简单，却是 Android 应用开发的基础，运用的知识点都是基础的且很重要的、需要掌握的知识，从项目的设计到实现，详细阐述了实现步骤，真正地开发了一款 App，在学习过程中，按照步骤操作实践，相信一定会有所收获。

2.6　习　　题

1. 用 Android 提供的 UI 控件和布局设计并实现模仿 QQ 登录界面。

2．下列选项中，用于 EditText 控件中内容为空时显示提示文本信息的属性为（　　）。

    A．android:tint   B．android:password

    C．android:hint   D．android:textColorHint

3．下列选项中，属于设置 ImageView 控件显示图片资源的属性是（　　）。

    A．android:background   B．android:src

    C．android:img   D．android:imgValue

4．你知道的实现 Button 按钮单击事件的监听方式有哪些？

5．活动生命周期里的方法有哪些？活动从创建到销毁过程经历的状态有哪些？

6．下列选项中，属于当前 Activity 被其他 Activity 覆盖时调用的方法的是（　　）。

    A．onCreate()   B．onStart()

    C．onPause()   D．onDestroy()

7．简述显式 Intent 和隐式 Intent 的区别。

8．根据习题 1 的设计项目，另外设计一个主界面，然后在登录界面完成登录功能的实现，登录之后跳转到主界面。

第 3 章　实战项目——学说四川话

🖊 学习目标

（1）使用 ListView 实现列表页面。

（2）使用 RecyclerView 实现列表页面。

（3）使用 MediaPlayer 播放声音。

（4）掌握 Fragment 生命周期。

（5）使用 ViewPager 实现多 Fragment 应用。

3.1　项 目 介 绍

本章要实现的应用程序叫"Speaker"，是一款教外国用户学习四川方言的应用。不同于之前章节讲解的应用，"Speaker"应用是一款多屏应用，由数字、名胜景点和日常用语 3 个页面组成，相互之间可以通过左右滑动进行切换。

3.1.1　项目概述

随着我国综合国力的日益增强，越来越多的外国朋友对中国和中国文化感兴趣，来中国旅游的外国朋友也越来越多，他们的足迹遍布了我国的大江南北，作为"天府之国"的四川，自然也受到了外国朋友的青睐。

四川位于我国的西南腹地，处于青藏高原和长江中下游平原的过渡地带，省内地势呈西高东低，由山地、丘陵、平原、盆地和高原构成，地质景观非常丰富。四川在距今约 25000 年前开始出现人类文明，并在新石器时代晚期形成了以宝墩文化、三星堆遗址、罗家坝遗址、金沙遗址为代表的高度发达的古蜀文明。在中华文明的发展史中，四川也出现过大禹、李冰、落下闳、扬雄、诸葛亮、武则天、李白、杜甫、苏轼、杨慎等历史文化名人。四川不仅拥有悠久的历史文化、众多的名胜古迹、享誉中外的美食，四川话也以其独特的韵味广受喜爱。

本章要讲述一款教外国朋友学说四川方言的移动应用，通过"学说四川话"的应用拉近用户和四川的距离，让更多朋友通过学说四川话，了解四川并爱上四川。通过本章的学习，读者也可以根据自己家乡的方言，开发类似的应用，让大家了解你家乡的风土人情。

3.1.2　项目设计

"Speaker"应用由 3 个页面组成，相互之间可以通过左右滑动进行切换。现在将用户要学习的四川方言分为 3 类：数字、名胜景点、日常用语，应用的每屏内容的设计对应了其中一个分类的内容。

第一个页面是数字页面。在该页面里，使用列表页面的形式罗列了各个数字的中文写法、英文解释，还为每个数字配有一个示意图，帮助用户理解这个中文短语表达的意义，如图 3-1

所示。

第二个页面是四川名胜景点页面。在该页面里，使用列表页面的形式罗列了四川最著名的旅游景点的中文写法、英文称谓，每个景点都配有一个示意图，如图 3-2 所示。

第三个页面是日常用语页面。在该页面里，仍然使用列表页面的形式罗列了常用的日常生活短语的中文写法、英文解释，这个页面没有示意图，如图 3-3 所示。

图 3-1　数字页面

图 3-2　名胜景点页面

图 3-3　日常用语页面

在每一个页面里，用户都可以通过单击每条方言右边的播放按钮播放对应短语的四川方言，从而学习地道的四川方言，并了解四川，爱上四川。

3.2　知　识　地　图

在本章的学习中，将逐步开发"Speaker"应用的两个版本。

在 1.0 版本的开发中，将首先讲解如何使用 ListView 控件在 Activity 中展示列表界面，列表是移动应用中最常见的内容组织形式；接着，将讲解如何自定义 ListView 界面，以便绘制出符合个性化需求的列表界面；然后，还将使用运行效率更高，布局更灵活的 RecyclerView 控件代替 ListView 控件，重新改写应用程序；最后，将讲解如何使用 MediaPlayer 管理声音的播放，期间，还会讲解如何通过 AudioManager 来管理 Android 的音频状态。

在 2.0 版本的开发中，将首先讲解 Fragment，了解其和 Activity 的异同和应用场景，掌握其生命周期；然后，讨论 Android 应用中的不同导航模式，并讲解 ViewPager 控件；最后，将讲解使用 ViewPager 和 FragmentPagerAdapter 重构本项目，实现左右滑动切换页面，使其提供更好的用户体验，如图 3-4 所示。

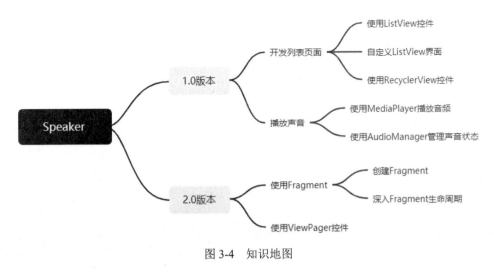

图 3-4　知识地图

3.3　预　备　知　识

3.3.1　ListView 控件

1. 基本使用

由于手机等移动设备屏幕空间都比较有限，所以能在屏幕上显示的内容并不多，因此当想在手机上展示大量数据时，通常都会借助列表界面。几乎所有的移动应用都会使用到列表页面，借助列表页面，可以将数据的一些重要信息通过列表显示，用户通过上下滑动等手势操作可以再加载更多的数据。同时，又可以通过单击列表的某一项，进入另一个页面，显示数据的更多信息。通常称列表页面中的列表为 List，每一项称为 Item，单击 Item 进入的页面称为详情页面。这样的应用涉及领域有很多，几乎涉及日常工作、生活的方方面面。例如，Android 的设置页面，天气应用的 7 天天气预报页面和新闻应用的浏览页面等，如图 3-5 所示。

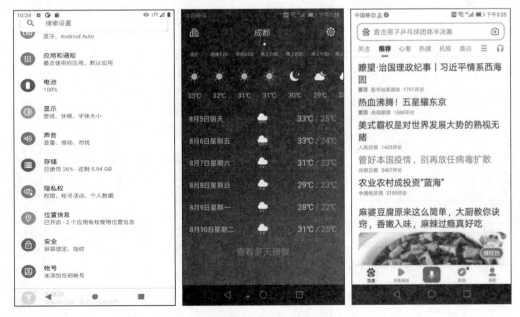

图 3-5　ListView 的应用

　　要实现以上的列表页面，在 Android 中可以通过 ListView 控件来实现。ListView 控件绝对可以称得上 Android 中最常用的控件之一。

　　首先讲解 ListView 控件是如何实现将列表数据智能地展示在列表页面的原理，这将有助于读者更好地理解 ListView 相关的代码。实际上，ListView 控件和数据之间是无法直接交流的，中间必须通过 Adapter 来完成交流。Android 已经内置很多 Adapter 供开发者使用，其中最重要的要数 ArrayAdapter。它可以通过泛型来指定要适配的数组中的数据类型，然后在构造函数中把要适配的数据传入 ListView。如图 3-5 所示，ListView 会首先询问 ArrayAdapter "总共有多少条数据？"，这样 ListView 就可以根据 Item 的布局文件计算所要显示的数据的界面尺寸信息。接着，ListView 会循环绘制每个 Item，ArrayAdapter 则会按位置顺序将数据依次传入给 ListView。当然这其中 Android 还需要设计一个将数据渲染到 ListView 的 item 布局文件上的机制，如图 3-6 所示。

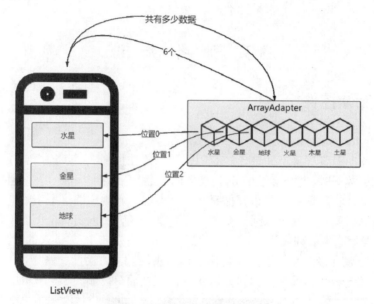

图 3-6　ListView 和 ArrayAdapter 原理

　　接下来，通过一个简单例子来说明 ListView 控件的具体使用步骤。

　　首先，需要在主界面的布局文件 activity_main.xml 中使用 ListView 控件，代码如下。

```
1   <LinearLayout
2       xmlns:android="http://schemas.android.com/apk/res/android"
3       xmlns:tools="http://schemas.android.com/tools"
4       android:layout_width="match_parent"
5       android:layout_height="match_parent"
6       android:background="@color/color_background"
7       android:orientation="vertical"
8       tools:context="com.sptpc.speaker.MainActivity">
9
10  <ListView
11          android:id="@+id/list_view"
12          android:layout_width="match_parent"
13          android:layout_height="match_parent"/>
14
15  </LinearLayout>
```

　　在布局中加入 ListView 控件非常简单，首先为其指定一个 ID 以便在代码中得到 ListView。

然后分别设置其宽度和高度，这里都设置为 match_parent，这样 ListView 控件就可以占满整个父控件，即主界面的布局空间。

接下来是整个 ListView 使用的重头戏，定义和设置 Adapter，本例使用最简单也是最常用的 ArrayAdapter，代码如下。

```
1   public class MainActivity extends AppCompatActivity {
2
3   private static final String[] datas = {
4           "水星","金星","地球","火星","木星","土星",
5       };
6
7       @Override
8       protected void onCreate(Bundle savedInstanceState) {
9           super.onCreate(savedInstanceState);
10          setContentView(R.layout.activity_main);
11
12          ArrayAdapter<String> adapter = new ArrayAdapter<String>(
13                  MainActivity.this,
14                  android.R.layout.simple_list_item_1,
15                  datas
16          );
17
18          ListView listView = findViewById(R.id.list_view);
19          listView.setAdapter(adapter);
20      }
21  }
```

定义和设置 Adapter 之前，需要模拟要展示的数据，代码 3 行到 5 行，设置了一些 mock 数据。

代码 12 行到 16 行，创建了一个 ArrayAdapter，由于本例的数据都是简单的字符串，所以泛型为 String。ArrayAdapter 有多个构造函数的重载，这里使用的构造函数，第一个参数为上下文环境；第二个参数是 Item 的布局文件的 ID，这里使用了 Android 内置的一个布局文件 android.R.layout.simple_list_item_1 作为 ListView 每个 Item 的布局文件；最后一个参数是数据，即在之前定义的 mock 数据。

代码 18 行到 19 行，通过 ID 获得主页面上的 ListView 控件，并通过 setAdapter()方法将在上面创建的 Adapter 传递进去，这样 ListView 就可以通过 Adapter 和数据建立联系了。

执行之后，效果如图 3-7 所示。

2. 自定义 Item 布局

如果在 ListView 中，每个 Item 都只能使用 Android 系统默认的布局文件，那么整个界面就太单调了。所以 Android 系统提供了对 Item 界面进行定制的机制，帮助开发人员实现自己需要的更丰富的内容。

要做到自定义 Item 布局也很简单，主要涉及两个

图 3-7　ListView 运行效果

关键步骤。首先，只需根据界面设计编写一个 Item 的布局文件。然后，自定义一个 Adapter，一般可以继承 ArrayAdapter，重写父类的一组构造函数，用于将上下文环境、自定义的 Item 布局的资源 ID 和需要渲染的数据传递进来；并且重写 getView()方法，在该方法中使用 LayoutInflater 加载自定义 Item 布局，从布局的 View 对象中获得定义的界面控件，并填充对应数据即可。

接下来，通过一个简单例子来说明 ListView 控件自定义界面的具体步骤。

首先，需要在 layout 目录下新建 Item 的布局文件 planet_item.xml，代码如下。

```
1   <?xml version="1.0" encoding="utf-8"?>
2   <LinearLayout xmlns:android="http://schemas.android.com/apk/res/android"
3       android:layout_width="match_parent"
4       android:layout_height="match_parent">
5
6       <ImageView
7           android:id="@+id/planet_image"
8           android:layout_width="130dp"
9           android:layout_height="85dp" />
10
11      <TextView
12          android:id="@+id/planet_name"
13          android:layout_width="wrap_content"
14          android:layout_height="wrap_content"
15          android:layout_gravity="center_vertical"
16          android:layout_marginLeft="10dp" />
17
18  </LinearLayout>
```

这个布局文件非常简单，分别在代码 6 行到 9 行，以及代码 11 行到 16 行定义了一个 ImageView 和 TextView，用来展示数据中的图片和名字。

接下来，需要创建一个自定义的 Adapter，来告诉 ListView 如何在循环中将列表数据中的每一项填充到定义的 Item 布局文件中。在这之前需要定义一个数据模型，该数据模型中的字段应该是和界面布局要显示的信息一一对应的，代码如下。

```
1   public class Planet {
2
3       private String name;
4       private int imageId;
5
6       public Planet(String name, int imageId) {
7           this.name = name;
8           this.imageId = imageId;
9       }
10
11      public String getName() {
12          return name;
13      }
14
15      public int getImageId() {
16          return imageId;
17      }
18  }
```

在上面代码 3 行到 4 行中分别定义了两个属性：name 属性，它和布局文件中的 TextView 控件对应；imageId 属性，它和布局文件中的 ImageView 控件对应，由于 ImageView 控件的 setImageResource()方法需要的参数是图片资源的 ID，所以这里使用整型。

现在可以自定义 Adapter，代码如下。

```
1   public class PlanetAdapter extends ArrayAdapter<Planet> {
2       private int resourceId;
3
4       public PlanetAdapter(Context context, int resource, List<Planet> objects) {
5           super(context, resource, objects);
6           resourceId = resource;
7       }
8
9       @Override
10      public View getView(int position, View convertView, ViewGroup parent) {
11          Planet planet = getItem(position);
12
13          View view = LayoutInflater.from(getContext())
14                  .inflate(resourceId, parent, false);
15
16          ImageView planetImageView = view.findViewById(R.id.planet_image);
17          planetImageView.setImageResource(planet.getImageId());
18          TextView nameTextView = view.findViewById(R.id.planet_name);
19          nameTextView.setText(planet.getName());
20          return view;
21      }
22  }
```

上面代码 1 行，自定义 Adapter 类继承 ArrayAdapter，泛型为定义的数据模型类型。

代码 4 行到 7 行，重写父类的一组构造函数，这里将上下文环境、自定义的 Item 布局文件的资源 ID 和需要渲染的数据传递进来。这里记录了自定义的 Item 布局文件的资源 ID，以便在 getView()方法中获得该 ID。

代码 10 行，重写 getView()方法，该方法在滚动 ListView 时，每当一个 Item 进入屏幕内时就会被自动调用一次。第一个参数很重要，它表示当前 Item 是第几个进入屏幕内的。

代码 11 行，通过 getItem()方法得到当前要渲染的 Item 在数据列表中对应位置的数据。

代码 13 行到 14 行，使用 LayoutInflater 为当前 Item 加载之前定义好的 Item 的布局对象。这里 LayoutInflater 的 inflate()方法接收 3 个参数：第一个是自定义 Item 布局文件的资源 ID，第二个是父布局对象，第三个是表示是否立即为 View 添加父布局。由于是动态在 ListView 中加载自定义的 Item 布局，所以这里设置为 false，表示只让父布局声明 layout 属性生效，但是不会为这个 View 添加父布局。因为一旦 View 有了父布局，它就不能再添加到 ListView 中了。

接下来代码 16 行开始从获得的自定义 Item 布局对应的 View 对象中获得 ImageView 和 TextView 对象，并分别调用其对应方法将数据模型中的属性渲染到 Item 界面上。

这样自定义的 Adapter 就创建完成了。最后，在 Activity 对象中，创建这个 Adapter，并在 ListView 中使用它，代码如下。

```
1   setContentView(R.layout.activity_numbers);
2
3   PlanetAdapter adapter = new PlanetAdapter(
4           MainActivity.this,
5           R.layout.planet_item,
6           getPlanets()
7   );
8   ListView listView = findViewById(R.id.list_view);
9   listView.setAdapter(adapter);
```

上面代码 3 行到 7 行，创建前面自定义的 Adapter。注意代码 5 行，这里传递自定义 Item

布局文件的资源 ID。代码 9 行，将创建的 Adapter 设置
给 ListView 对象。

执行之后，效果如图 3-8 所示。

3.3.2　RecyclerView 控件

前面讲解了 ListView 控件，并能使用它来实现滑
动列表界面，但是实现仍然存在一些问题。第一，未经
优化的 ListView 运行效率比较低。以本例为例，之前
已经解释过 PlanetAdapter 的 getView()方法在每次有
Item 滑动进入屏幕时都会被调用，在该方法中使用
LayoutInflater 加载了 Item 的布局对象，也就是说会不
停地加载一个重复的 Item 布局对象。所以当数据较多，
而且用户滑动频繁时，这就会称为性能瓶颈。第二，
ListView 的扩展性也不好。它只能实现数据纵向排列和
滚动，如果现在的需求是横向排列，那么它就难以完成
了。为此，Android 提供了一个功能更强大的列表滚动
控件 RecyclerView。它不仅有效地解决了 ListView 性
能不高的问题，还可以通过布局属性就能轻松地实现纵
向，横向等方式的排列。

1. RecyclerView 基本使用

首先，需要在布局文件中使用 RecyclerView 控件，
修改前面例子中的 activity_main.xml 文件，代码如下。

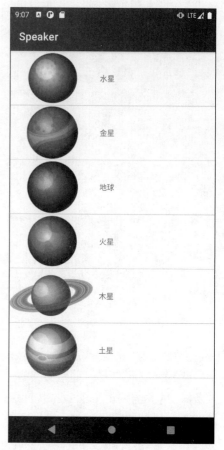

图 3-8　自定义 ListView 界面运行效果

```
1    <?xml version="1.0" encoding="utf-8"?>
2    <LinearLayout
3        xmlns:android="http://schemas.android.com/apk/res/android"
4        xmlns:tools="http://schemas.android.com/tools"
5        android:layout_width="match_parent"
6        android:layout_height="match_parent"
7        android:background="@color/color_background"
8        android:orientation="vertical"
9        tools:context="com.sptpc.speaker.MainActivity">
10
11       <androidx.recyclerview.widget.RecyclerView
12           android:id="@+id/list_view"
13           android:layout_width="match_parent"
14           android:layout_height="match_parent" />
15
16   </LinearLayout>
```

和 ListView 的使用一样，在布局中加入 RecyclerView 控件非常简单。上面代码 11 行到 14
行，先为其指定一个 ID，以便在代码中得到 RecyclerView 对象。然后分别设置其宽度和高度，
这里都设置为 match_parent，这样 RecyclerView 控件就可以占满整个父控件，即主界面的布局
空间。

接下来，为 RecyclerView 编写一个自定义的 Adapter，这个 Adapter 类需要继承 RecyclerView.
Adapter，并将泛型指定为自定义的 ViewHolder 类型。ViewHolder 类型是需要在自定义 Adapter

中定义的一个内部类。ViewHolder 类需要继承 RecyclerView.ViewHolder，是一个将数据渲染到 Item 的 View 对象上的辅助类。代码如下。

```
1   public class PlanetAdapter extends
2       RecyclerView.Adapter<PlanetAdapter.ViewHolder> {
3
4       private List<Planet> planets;
5       public PlanetAdapter(List<Planet> planets) {
6           this.planets = planets;
7       }
8
9       @Override
10      public ViewHolder onCreateViewHolder(ViewGroup parent, int viewType) {
11          View view = LayoutInflater.from(parent.getContext())
12                  .inflate(R.layout.list_item, parent, false);
13          ViewHolder viewHolder = new ViewHolder(view);
14          return viewHolder;
15      }
16
17      @Override
18      public void onBindViewHolder(ViewHolder holder, int position) {
19          Planet planet = planets.get(position);
20          holder.planetImageView.setImageResource(planet.getImageId());
21          holder.nameTextView.setText(planet.getName());
22      }
23
24      @Override
25      public int getItemCount() {
26          return planets.size();
27      }
28
29      static class ViewHolder extends RecyclerView.ViewHolder {
30          ImageView planetImageView;
31          TextView nameTextView;
32
33          public ViewHolder(View itemView) {
34              super(itemView);
35              planetImageView = itemView.findViewById(R.id.planet_image);
36              nameTextView = itemView.findViewById(R.id.planet_name);
37          }
38      }
39  }
```

上面代码 1 行，自定义的 Adapter 类需要继承 RecyclerView.Adapter，并将泛型指定为自定义的 ViewHolder 类型。

代码 29 行到 38 行，自定义了一个 ViewHolder 辅助类，需要继承 RecyclerView.ViewHolder。属性即为 Item 布局中定义的需要数据渲染的控件。继承父类的构造函数中，View 类型的参数即为 RecyclerView 的 Item 布局。所以，可以使用该参数通过 findViewById()方法获得布局文件中定义的控件对象。

代码 4 行到 7 行，RecyclerView 的自定义 Adapter 需要自己维护数据列表，一般可以通过其构造函数获得外部传入的数据列表。

代码 10 行到 15 行，RecyclerView 的自定义 Adapter 需要重写 onCreateViewHolder()方法，用于创建 ViewHolder 辅助类对象。在该方法中，加载布局文件，本例中继续使用 3.3.1 节例子中的 Item 布局文件 list_item.xml，并将其通过 ViewHolder 辅助类的构造函数传递给 ViewHolder 对象。

代码 18 行到 22 行，RecyclerView 的自定义 Adapter 需要重写 **onBindViewHolder()**方法，用于对所有 Item 的数据进行渲染。该方法只在 Item 进入屏幕后才会被调用，并且在 Item 离开屏幕后，会回收 Item 布局和 ViewHolder 辅助类对象，等到新的 Item 数据渲染，重复使用。

代码 25 行到 27 行，RecyclerView 的自定义 Adapter 还需要重写 **getItemCount()**方法，该方法可以获得有多少 Item，案例中直接返回了数据列表的长度。

Adapter 类创建好后，最后创建 RecyclerView 对象，并设置 Adapter 为自定义的 Adapter 对象，代码如下。

```
1   public class MainActivity extends AppCompatActivity {
2       @Override
3       protected void onCreate(Bundle savedInstanceState) {
4
5           super.onCreate(savedInstanceState);
6           setContentView(R.layout.activity_main);
7
8           PlanetAdapter adapter = new PlanetAdapter(getPlanets());
9           RecyclerView recyclerView = findViewById(R.id.list_view);
10
11          LinearLayoutManager layoutManager = new LinearLayoutManager(this);
12          recyclerView.setLayoutManager(layoutManager);
13          recyclerView.setAdapter(adapter);
14      }
15      private List<Planet> getPlanets() {
16          //返回数据列表
17      }
```

上面代码 8 行，创建自定义 Adapter 类对象。

代码 11 行，创建了一个 LinearLayoutManager 对象，并将其设置到 RecyclerView 对象中。LayoutManager 用于指定 RecyclerView 的布局方式，这里使用的是线性布局，默认为纵向，可以实现和 ListView 相同的界面效果。仅需要修改 LayoutManager 对象的 Orientation 属性，使用如下代码即可实现横向布局。

```
1   LinearLayoutManager layoutManager = new LinearLayoutManager(this);
2   layoutManager.setOrientation(LinearLayoutManager.HORIZONTAL);
```

2. RecyclerView 的单击事件

RecyclerView 和 ListView 一样，必须能响应每个 Item 的单击事件，否则这个控件就毫无意义了。ListView 控件提供了 setOnItemClickListener()这样的注册监听器方法，可以为整个 Item 注册单击事件。但是如果要单击的不是整个 Item，而是其中的某个控件时，情况则将有所不同。因此，Android 在设计 RecyclerView 控件时采用了另一种实现思路。它没有提供类似 setOnItemClickListener()的方法，而是需要开发人员自己给 Item 去注册单击事件。因此，RecyclerView 的单击事件的处理要稍微麻烦一点，但是处理方法非常灵活，只要稍微修改一下之前的自定义 Adapter 就可以实现单击图片显示信息的效果，代码如下。

```
1   public class PlanetAdapter
2           extends RecyclerView.Adapter<PlanetAdapter.ViewHolder> {
3   ……
4
5       @Override
6       public ViewHolder onCreateViewHolder(ViewGroup parent, int viewType) {
7           View view = LayoutInflater.from(parent.getContext())
8                   .inflate(R.layout.list_item, parent, false);
9           ViewHolder viewHolder = new ViewHolder(view);
```

```
10        viewHolder.planetImageView.setOnClickListener(new View.OnClickListener() {
11            @Override
12            public void onClick(View v) {
13                int position = viewHolder.getAdapterPosition();
14                Planet planet = planets.get(position);
15                Toast.makeText(v.getContext(),
16                        "你单击了" + planet.getName(),
17                        Toast.LENGTH_LONG)
18                        .show();
19            }
20        });
21        return viewHolder;
22    }
23    …
24 }
```

代码 10 行到 22 行，在 onCreateViewHolder()方法中为 Item 中的图片注册单击事件监听器。其中，代码 13 行展示了继承的 RecyclerView.ViewHolder 类的 getAdapterPosition()方法可以得到当前 Item 的位置信息，该位置信息和数据列表的索引位置是一一对应的。

执行之后，效果和 ListView 是相似的，单击 Item 会通过 Toast 显示单击的信息，如图 3-9 所示。

3.3.3　MediaPlayer 基础

在手机上播放音频、视频是用户最常做的操作之一，Android 提供了常见的音频、视频的编码、解码机制。借助多媒体类 MediaPlayer 的帮助，开发人员可以给在很方便地在 Android 应用中播放音频、视频。MediaPlayer 提供了一套较为完整的 API，给在设备上播放音频、视频提供了基础支持。

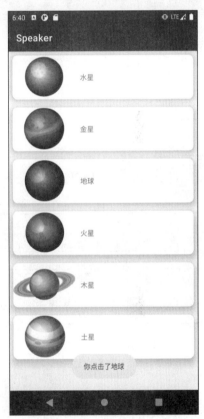

图 3-9　RecyclerView 运行效果

1. 常用 API 简介

MediaPlayer 属于"android.media.MediaPlayer"包，Android 对于音频、视频的支持均需要使用 MediaPlayer 类，它主要用来控制 Android 下播放文件或流的类。Android 为了方便初始化 MediaPlayer 对象，为开发人员提供了几个静态的 create()方法用于完成 MediaPlayer 初始化的工作，如表 3-1 所示。

表 3-1　MediaPlayer 初始化静态的 create()方法

返 回 值	方 法 名 称	含 义
MediaPlayer	create(Context context,int resid)	通过音频资源的 ID 来创建一个 MediaPlayer 对象
MediaPlayer	create(Context context,Uri uri)	通过一个音频资源的 Uri 地址来创建一个 MediaPlayer 对象

除了通过上面两个 create()方法在初始化时指定媒体资源，还可以通过 MediaPlayer.setDataSource()方法为初始化后的 MediaPlayer 设置媒体资源，setDataSource()具有多个重载函数，适用于不同的媒体资源来源，如表 3-2 所示。

表 3-2　MediaPlayer 设置媒体资源的 setDataSource()方法

返 回 值	方 法 名 称	含 义
void	setDataSource(String path)	通过一个媒体资源的地址指定 MediaPlayer 的数据源，这里的 path 可以是一个本地路径，也可以是网络路径
void	setDataSource(Context context,Uri uri)	通过一个 Uri 指定 MediaPlayer 的数据源，这里的 Uri 可以是网络路径或者一个内容提供者的 Uri
void	setDataSource(FileDescriptor fd)	通过一个 FileDescriptor 指定一个 MediaPlayer 的数据源

MediaPlayer 是一个流媒体操作类，那么就肯定涉及音视频的播放、暂停、停止等操作。实际上，MediaPlayer 为开发人员提供了相应的方法来直接操作流媒体，如表 3-3 所示。

表 3-3　MediaPlayer 直接操作流媒体的方法

返 回 值	方 法 名 称	含 义
void	prepare()	把流媒体装载进 MediaPlayer 对象，必须在调用 start() 方法之前调用该方法
void	prepareAsync()	异步的方式装载流媒体文件
void	start()	开始或恢复播放
void	stop()	停止播放。调用该方法后，MediaPlayer 对象将无法再播放音视频
void	pause()	暂停播放
void	release()	释放流媒体资源

除此之外，MediaPlayer 还提供了一些有用的 API，如表 3-4 所示。

表 3-4　MediaPlayer 其他有用的 API

返 回 值	方 法 名 称	含 义
void	setAudioStreamType(int streamtype)	设置播放流媒体类型
int	getDuration()	获取流媒体的总播放时长，单位是 ms
int	getCurrentPosition()	获取当前流媒体的播放的位置，单位是 ms
void	seekTo(int msec)	设置当前 MediaPlayer 的播放位置，单位是 ms
boolean	isPlaying()	判断是否正在播放

2. MediaPlayer 开发步骤

使用 MediaPlayer 播放音视频一般遵循以下开发步骤。

（1）增加文件读取权限。如果需要读取内存卡，需要在 AndroidManifest.xml 文件中设置读取内存卡的权限，代码如下。

```
1   <uses-permission android:name="android.permission.READ_EXTERNAL_STORAGE" />
```

如果读取的是外部 uri 的网络流媒体资源，需要在 AndroidManifest.xml 文件中设置网络访问权限，代码如下。

```
2   <uses-permission android:name="android.permission.INTERNET" />
```

（2）创建 MediaPlayer 对象并设置音频源，代码如下。

```
3   mediaPlayer = new MediaPlayer();
4   mediaPlayer.setDataSource("/sdcarc/test.mp3");
```

（3）在调用 start()方法播放音频流媒体之前，需要使用 prepare()或者 prepareAsync()方法装载流媒体资源。推荐使用 prepareAsync()方法，采用异步的方式装载流媒体资源。因为流媒体资源的装载是会消耗系统资源的，在一些硬件不理想的设备上，如果使用 prepare()方法，以同步的方式装载资源，可能会造成 UI 界面的卡顿。如果使用异步装载的方式，为了避免还没有装载完成应用程序就调用 start()方法，从而可能引起程序错误，一般可以绑定 MediaPlayer. setOnPreparedListener()事件，这样就将在异步装载完成之后回调 start()方法，代码如下。

```
1   mediaPlayer.setAudioStreamType(AudioManager.STREAM_MUSIC);
2   //通过异步的方式装载媒体资源
3   mediaPlayer.prepareAsync();
4   mediaPlayer.setOnPreparedListener(new OnPreparedListener() {
5       @Override
6       public void onPrepared(MediaPlayer mp) {
7           //装载完毕回调
8           mediaPlayer.start();
9       }
10  });
```

（4）使用完 MediaPlayer 对象需要回收资源。MediaPlayer 是很消耗系统资源的，所以在使用完 MediaPlayer 对象后，不要等待系统自动回收，最好是主动回收资源，代码如下。

```
1   if (mediaPlayer != null && mediaPlayer.isPlaying()) {
2       mediaPlayer.stop();
3       mediaPlayer.release();
4       mediaPlayer = null;
5   }
```

3. AudioManager 简介

通过前面的讲解了解到，要在 Android 中播放音频，只需要使用 MediaPlayer 就可以做到。但是一部手机可能会有多个应用都在同时播放音频。例如，用户用手机播放器播放了一首音乐，还未播放完毕又单击了另一个视频文件，这时会出现在播放音频的同时播放视频中的声音的情况。为了防止多个应用同时播放音频，Android 使用了音频焦点（AudioFocus）来控制音频的播放。也就是说，当且仅当移动应用获取到音频焦点成功以后，才可以播放音频。

为此，Android 提供了音频管理类 AudioManager，它可以帮助开发者对应用的音量和铃声模式进行控制以及访问。创建 AudioManager 对象非常简单，代码如下。

```
1   AudioManager audio =
2       (AudioManager)Context.getSystemService(Context.AUDIO_SERVICE);
```

此外，AudioManager 围绕音频的管理提供了大量实用的 API，如表 3-5 所示。

表 3-5　AudioManager 实用的 API

返　回　值	方　法　名　称	含　　义
void	adjustStreamVolume(int streamType, int direction, int flags)	streamType：要调整的音频流类型区分流类型的目的是让用户能够单独地控制不同种类的音频，但大多数都是被系统限制。最常见操作就是用于音乐播放的音频流：STREAM_MUSIC。 direction：调整音量的方向。ADJUST_LOWER，减少铃声音量；ADJUST_RAISE，增加铃声音量；ADJUST_SAME，保持之前的铃声音量。 flags：可设置一个或多个系统标志。包括：FLAG_SHOW_UI，显示包含当前音量的 toast；FLAG_VIBRATE，振铃模式时是否振动等

返 回 值	方 法 名 称	含 义
int	requestAudioFocus (OnAudioFocusChangeListener l, int streamType, int durationHint)	OnAudioFocusChangeListener：音频焦点发生改变时的监听，OnAudioFocusChangeListener 是 AudioManager 的一个内部接口，本质是监听音频焦点的状态。主要有 4 个状态：是否获取了焦点（AUDIOFOCUS_GAIN）、焦点是否失去（AUDIOFOCUS_LOSS）、焦点暂时失去（AUDIOFOCUS_LOSS_TRANSIENT）、焦点暂时失去时降低自己音量，直到重新获取到音频焦点后恢复正常音量（AUDIOFOCUS_LOSS_TRANSIENT_CAN_DUCK）

3.3.4　Fragment 基础

1．Fragment 简介

Fragment 是一种可以嵌入在 Activity 中的 UI 片段，能够让程序更加合理和充分地利用大屏幕的空间，其出现的初衷是为了适应屏幕更大的平板电脑。例如，一个新闻应用可以使用一个 Fragment 在左侧显示文章列表，使用另一个 Fragment 在右侧显示文章。两个 Fragment 并排显示在一个 Activity 中，每个 Fragment 都具有自己的一套生命周期回调方法，并各自处理自己的用户输入事件。因此，用户不需要再像操作手机应用一样，使用一个 Activity 来选择文章，然后使用另一个 Activity 来阅读文章，而是可以在同一个 Activity 内选择文章并进行阅读，如图 3-10 所示的平板电脑布局所示。

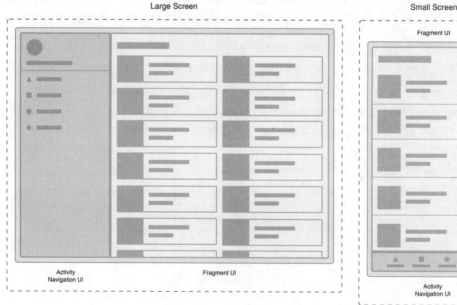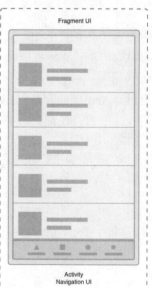

图 3-10　Fragment 的作用（引用自 Android 官方文档）

Fragment 可以看成一个小型的 Activity。使用 Fragment 可以把屏幕划分成几块，然后进行分组，从而进行模块化管理。Fragment 不能够单独使用，需要嵌套在 Activity 中使用，其生命周期也受到宿主 Activity 的生命周期的影响。Fragment 的优势具体如下。

❖ 模块化（modularity）：不必把所有代码全部写在 Activity 中，而是可以把代码写在各自的 Fragment 中。

❖ 可重用（reusability）：多个 Activity 可以重用一个 Fragment。

❖ 可适配（adaptability）：根据硬件的屏幕尺寸、屏幕方向，能够方便地实现不同的布局，这样用户体验更好。

2．静态 Fragment

接下来通过一个例子来讲解如何使用静态的 Fragment。所谓静态是指提前通过布局文件创建，在运行过程中是无法更改 UI 的。首先，新建一个左侧的 Fragment，类名指定为 LeftFragment，同时创建布局文件 fragment_left，语言指定为 Java，如图 3-11 所示。

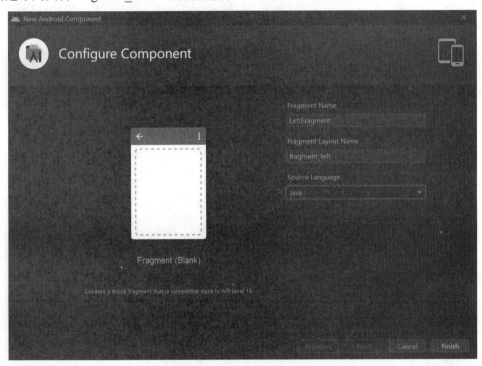

图 3-11　创建 LeftFragment

修改布局文件 fragment_left.xml，只需放入一个 Button 控件，代码如下。

```
1   <?xml version="1.0" encoding="utf-8"?>
2   <FrameLayout xmlns:android="http://schemas.android.com/apk/res/android"
3       xmlns:tools="http://schemas.android.com/tools"
4       android:layout_width="match_parent"
5       android:layout_height="match_parent"
6       tools:context=".LeftFragment">
7
8       <Button
9           android:id="@+id/left_button"
10          android:layout_width="wrap_content"
11          android:layout_height="wrap_content"
12          android:layout_gravity="center_horizontal"
13          android:text="左侧按钮"/>
14
15  </FrameLayout>
```

同时修改 LeftFragment 类，代码如下。

```
1   public class LeftFragment extends Fragment {
2
```

```
3        @Override
4        public View onCreateView(LayoutInflater inflater, ViewGroup container,
5                            Bundle savedInstanceState) {
6            return inflater.inflate(R.layout.fragment_left, container, false);
7        }
8    }
```

再以相同方式新建一个右侧的 Fragment，类名指定为 RightFragment，同时创建布局文件 fragment_right，语言指定为 Java，如图 3-12 所示。

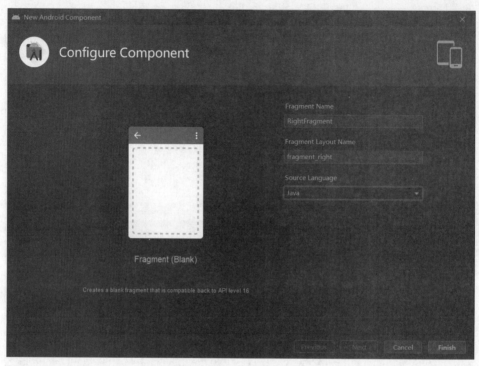

图 3-12　创建 RightFragment

修改布局文件 fragment_right.xml，只需放入一个 TextView 控件，代码如下。

```xml
1    <?xml version="1.0" encoding="utf-8"?>
2    <FrameLayout xmlns:android="http://schemas.android.com/apk/res/android"
3        xmlns:tools="http://schemas.android.com/tools"
4        android:layout_width="match_parent"
5        android:layout_height="match_parent"
6        android:background="@color/design_default_color_primary_dark"
7        tools:context=".RightFragment">
8
9        <TextView
10           android:layout_width="match_parent"
11           android:layout_height="match_parent"
12           android:layout_gravity="center_horizontal"
13           android:textSize="20sp"
14           android:text="右侧 Fragment" />
15
16   </FrameLayout>
```

修改 RightFragment 类，代码如下。

```java
1    public class RightFragment extends Fragment {
2
```

```
3        @Override
4        public View onCreateView(LayoutInflater inflater, ViewGroup container,
5                              Bundle savedInstanceState) {
6            return inflater.inflate(R.layout.fragment_right, container, false);
7        }
8    }
```

最后，修改 MainActivity 的布局文件 activity_main.xml，通过 Fragment 标签将之前创建的两个 Fragment 添加进 MainActivity，代码如下。

```
1    <?xml version="1.0" encoding="utf-8"?>
2    <LinearLayout xmlns:android="http://schemas.android.com/apk/res/android"
3        xmlns:app="http://schemas.android.com/apk/res-auto"
4        xmlns:tools="http://schemas.android.com/tools"
5        android:orientation="horizontal"
6        android:layout_width="match_parent"
7        android:layout_height="match_parent"
8        tools:context=".MainActivity">
9
10       <fragment
11           android:id="@+id/left_fragment"
12           android:name="com.sptpc.myapplication.LeftFragment"
13           android:layout_width="0dp"
14           android:layout_height="match_parent"
15           android:layout_weight="1" />
16
17       <fragment
18           android:id="@+id/right_fragment"
19           android:name="com.sptpc.myapplication.RightFragment"
20           android:layout_width="0dp"
21           android:layout_height="match_parent"
22           android:layout_weight="1" />
23
24   </LinearLayout>
```

执行之后，效果如图 3-13 所示。

图 3-13　添加进 MainActivity 后 Fragment 的运行效果

3. 动态添加 Fragment

前面已经讲解了在布局文件中加载 Fragment 的方法，但是 Fragment 最强大之处在于可以在应用程序运行时动态地添加到 Activity 中，从而实现更复杂多变的 UI 效果。在之前的例子中再新建一个 Fragment，类名指定为 SecondRightFragment，同时创建布局文件 fragment_second_right，语言指定为 Java，如图 3-14 所示。

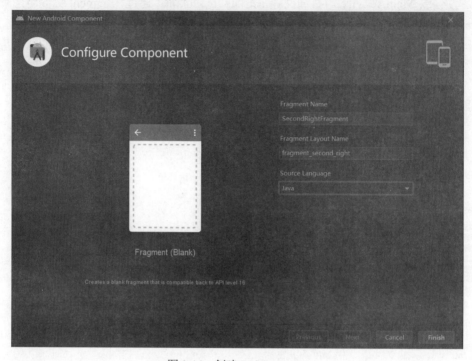

图 3-14　创建 LeftFragment

修改布局文件 fragment_second_right.xml，只需放入一个 TextView 控件，为了和之前右侧的 Fragment 区别，将背景颜色设置为白色，代码如下。

```
1    <?xml version="1.0" encoding="utf-8"?>
2    <FrameLayout xmlns:android="http://schemas.android.com/apk/res/android"
3        xmlns:tools="http://schemas.android.com/tools"
4        android:layout_width="match_parent"
5        android:layout_height="match_parent"
6        android:background="@color/cardview_light_background"
7        tools:context=".SecondRightFragment">
8
9        <TextView
10           android:layout_width="match_parent"
11           android:layout_height="wrap_content"
12           android:layout_gravity="center_horizontal"
13           android:text="右侧第二个 Fragment" />
14
15   </FrameLayout>
```

同时修改 SecondRightFragment 类，代码如下。

```
1    public class SecondRightFragment extends Fragment {
2
3        @Override
4        public View onCreateView(LayoutInflater inflater, ViewGroup container,
5                                 Bundle savedInstanceState) {
```

```
6            return inflater.inflate(R.layout.fragment_second_right, container, false);
7        }
8    }
```

修改 MainActivity 的布局文件 activity_main.xml，将原来右侧的 Fragment 替换为 FrameLayout 帧布局，这里实际起到的作用就是为 Fragment 占位，代码如下。

```
1    <?xml version="1.0" encoding="utf-8"?>
2    <LinearLayout xmlns:android="http://schemas.android.com/apk/res/android"
3        xmlns:app="http://schemas.android.com/apk/res-auto"
4        xmlns:tools="http://schemas.android.com/tools"
5        android:orientation="horizontal"
6        android:layout_width="match_parent"
7        android:layout_height="match_parent"
8        tools:context=".MainActivity">
9
10       <fragment
11           android:id="@+id/left_fragment"
12           android:name="com.sptpc.myapplication.LeftFragment"
13           android:layout_width="0dp"
14           android:layout_height="match_parent"
15           android:layout_weight="1" />
16
17       <FrameLayout
18           android:id="@+id/right_layout"
19           android:layout_width="0dp"
20           android:layout_height="match_parent"
21           android:layout_weight="1" />
22
23   </LinearLayout>
```

接下来，修改 MainActivity 代码，让其实现 View.OnClickListener 接口，可以监听左侧 Fragment 的按钮单击事件，然后在按钮上注册该监听器，并实现动态更换右侧 Fragment 的效果，代码如下。

```
1    public class MainActivity extends AppCompatActivity
2            implements View.OnClickListener {
3
4        @Override
5        protected void onCreate(Bundle savedInstanceState) {
6            super.onCreate(savedInstanceState);
7            setContentView(R.layout.activity_main);
8            Button button = findViewById(R.id.left_button);
9            button.setOnClickListener(this);
10
11           replaceFragment(new RightFragment());
12       }
13
14       @Override
15       public void onClick(View v) {
16
17           switch (v.getId()) {
18               case R.id.left_button:
19                   replaceFragment(new SecondRightFragment());
20                   break;
21               default:
22                   break;
23           }
24       }
25
```

```
26    private void replaceFragment(Fragment fragment) {
27
28         FragmentManager manager = getSupportFragmentManager();
29         FragmentTransaction transaction = manager.beginTransaction();
30         transaction.replace(R.id.right_layout, fragment);
31         transaction.commit();
32    }
33  }
```

代码 2 行，实现 View.OnClickListener 接口，可以监听左侧 Fragment 的按钮单击事件。

代码 11 行，调用自定义的 replaceFragment(Fragment fragment)方法，默认加载原来的右侧 Fragment。

代码 15 行到 24 行，重写 View.OnClickListener 接口的 onClick(View v)方法，如果单击左侧按钮，则动态更换右侧 Fragment，其中调用的 replaceFragment()方法为自定义方法。

在自定义的 replaceFragment()方法中，代码 28 行到 31 行，展示了动态更换 Fragment 的基本步骤：先创建待更换的 Fragment 对象，再调用 Activity 的 getSupportFragmentManager()方法获得 FragmentManager，然后开启一个 FragmentTransaction 事务，接着向容器内增加或替换 Fragment，最后提交 FragmentTransaction 事务。

执行之后，单击左侧按钮，右边 Fragment 动态替换，效果如图 3-15 所示。

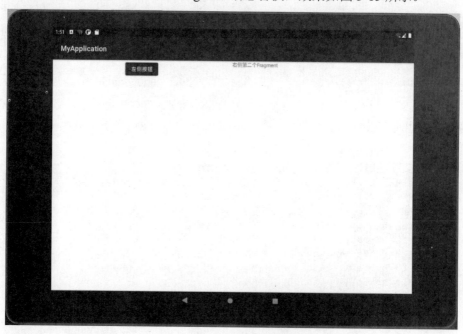

图 3-15　动态替换 Fragment 运行效果

4. Fragment 生命周期

如图 3-16 所示，Fragment 的生命周期和 Activity 非常相似，主要增加了以下 5 种方法。

❖ onAttach()：在 Fragment 和 Activity 建立关联时调用。

❖ onCreateView()：当 Fragment 创建视图时调用。

❖ onActivityCreated()：在相关联的 Activity 的 onCreate()方法已返回时调用。

❖ onDestroyView()：当 Fragment 中的视图被移除时调用。

❖ onDetach()：当 Fragment 和 Activity 取消关联时调用。

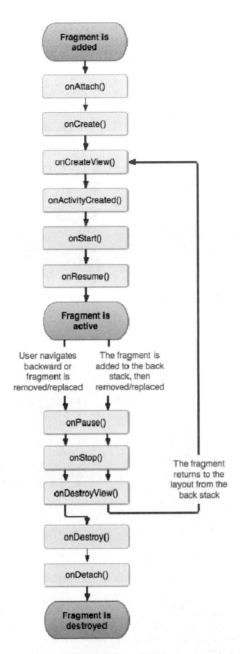

图 3-16　Fragment 的生命周期（引用自 Android 官方文档）

接下来，通过一个例子具体分析在几个典型场景下，Fragment 的生命周期及相应生命周期方法的调用顺序。在之前例子的 RightFragment 中，按图 3-16 添加所有的生命周期方法，并在每个方法中打印调用日志，代码如下。

```
1   public class RightFragment extends Fragment {
2
3       public static final String TAG = "RightFragment";
4
5       @Override
6       public void onAttach(Context context) {
7           super.onAttach(context);
8           Log.d(TAG, "调用 onAttach");
```

```
9          }
10
11         @Override
12         public void onCreate(Bundle savedInstanceState) {
13             super.onCreate(savedInstanceState);
14             Log.d(TAG, "调用 onCreate");
15         }
16
17         @Override
18         public View onCreateView(LayoutInflater inflater, ViewGroup container,
19                                  Bundle savedInstanceState) {
20             Log.d(TAG, "调用 onCreateView");
21             return inflater.inflate(R.layout.fragment_right, container, false);
22         }
23
24         @Override
25         public void onActivityCreated(Bundle savedInstanceState) {
26             super.onActivityCreated(savedInstanceState);
27             Log.d(TAG, "调用 onActivityCreated");
28         }
29
30         @Override
31         public void onStart() {
32             super.onStart();
33             Log.d(TAG, "调用 onStart");
34         }
35
36         @Override
37         public void onResume() {
38             super.onResume();
39             Log.d(TAG, "调用 onResume");
40         }
41
42         @Override
43         public void onPause() {
44             super.onPause();
45             Log.d(TAG, "调用 onPause");
46         }
47
48         @Override
49         public void onStop() {
50             super.onStop();
51             Log.d(TAG, "调用 onStop");
52         }
53
54         @Override
55         public void onDestroyView() {
56             super.onDestroyView();
57             Log.d(TAG, "调用 onDestroyView");
58         }
59
60         @Override
61         public void onDestroy() {
62             super.onDestroy();
63             Log.d(TAG, "调用 onDestroy");
64         }
65
66         @Override
67         public void onDetach() {
68             super.onDetach();
```

```
69                Log.d(TAG, "调用 onDetach");
70          }
71     }
```

运行程序，通过 logcat 窗口看到日志信息，如图 3-17 所示。当 Fragment 第一次被加载显示到屏幕时，会依次调用 onAttach()方法、onCreate()方法、onCreateView()方法、onActivityCreated()方法、onStart()方法、onResume()方法。

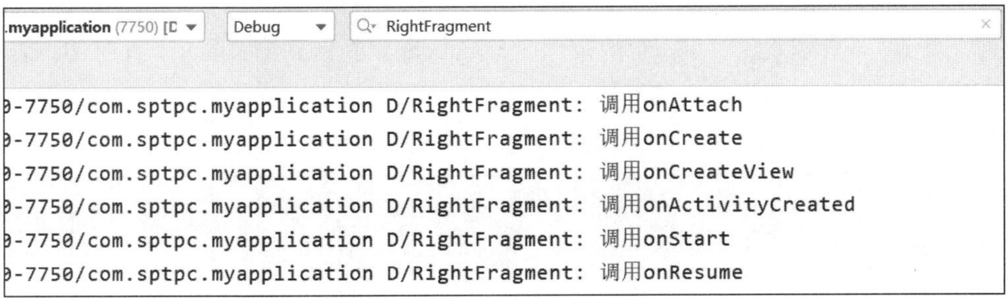

图 3-17　首次启动的日志信息

然后，单击左侧 Fragment 的按钮，这时右侧的 Fragment 将会被另一个 Fragment 替换掉，通过 logcat 窗口看到日志信息，如图 3-18 所示。依次看到 onPause()方法、onStop()方法、onDestroyView()方法、onDestory()方法、onDetach()方法被调用，而且可以确认 Fragment 已经被销毁并和 Activity 脱离了绑定关系。

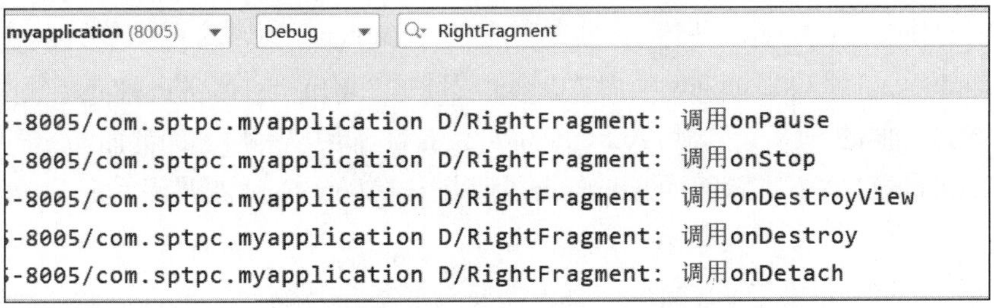

图 3-18　Fragment 被替换或终止的日志信息

接下来，修改一下 MainActivity 代码，在自定义的 replaceFragment()方法中，在替换掉 Fragment 后，使用 addToBackStack(null)方法将其添加到后台的 Fragment 栈中，代码如下。

```
1    public class MainActivity extends AppCompatActivity
2           implements View.OnClickListener {
3        …
4
5        private void replaceFragment(Fragment fragment) {
6            FragmentManager manager = getSupportFragmentManager();
7            FragmentTransaction transaction = manager.beginTransaction();
8            transaction.replace(R.id.right_layout, fragment).addToBackStack(null);
9            transaction.commit();
10       }
11   }
```

再次重新运行程序，并单击左侧 Fragment 内的按钮，可以发现这次的日志信息如图 3-19 所示。这次只有 onPause()方法、onStop()方法、onDestroyView()方法被依次调用，说明 Fragment 的界面虽然被销毁了，但是 Fragment 自身并未销毁，并且仍然和 Activity 保持绑定关系。

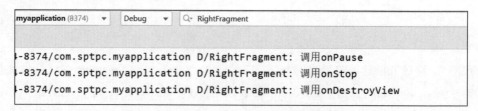

图 3-19　Fragment 压入后台栈的日志信息

此时，单击手机的"返回"键，右侧第一个 Fragment 重新回到屏幕显示，此时的日志信息，如图 3-20 所示。onCreateView()方法、onActivityCreated()方法、onStart()方法、onResume()方法依次被调用，说明这次并未创建新的 Fragment，而是复用的上次被压入后台栈的 Fragment。

图 3-20　Fragment 重新恢复显示的日志信息

5．ViewPager 控件

很多移动应用程序都有左右滑动的效果，在 Android 中，通常使用 ViewPager 控件来实现。ViewPager 控件很像 ListView，也需要设置对应的 Adapter，通常有两大类：pageAdapter 和 FragmentPagerAdapter。就像 ListView 使用 Adapter 管理每个 Item 一样，ViewPager 使用 Adapter 管理多个页面。通过前面的讲解，了解到 Activity 和 Fragment 都可以有自己的界面，所以两种 Adapter 就不足为奇了。Android 官方推荐使用 Fragment，所以一般 ViewPager 都搭配 FragmentPagerAdapter 使用。

ViewPager 控件的使用也非常简单，首先需要先准备好要展示的 Fragment，这里继续使用前面例子的 3 个 Fragment。接着修改 MainActivity 的布局文件 activity_main.xml，引入 ViewPager 控件，代码如下。

```
1   <?xml version="1.0" encoding="utf-8"?>
2   <LinearLayout xmlns:android="http://schemas.android.com/apk/res/android"
3       xmlns:app="http://schemas.android.com/apk/res-auto"
4       xmlns:tools="http://schemas.android.com/tools"
5       android:layout_width="match_parent"
6       android:layout_height="match_parent"
7       android:orientation="vertical"
8       tools:context=".MainActivity">
9
10      <androidx.viewpager.widget.ViewPager
11          android:id="@+id/view_pager"
12          android:layout_width="match_parent"
13          android:layout_height="0dp"
14          android:layout_weight="1" />
15
16      <com.google.android.material.tabs.TabLayout
17          android:id="@+id/tabs"
18          android:layout_width="match_parent"
19          android:layout_height="wrap_content" />
```

```
20
21    </LinearLayout>
```

代码 10 行到 14 行，在布局中引入 ViewPager 控件，高度设置为 0dp，权重设置为 1，这样 ViewPager 可以占据父控件垂直方向剩余的所有可用空间。

同时在代码 16 行到 19 行，引入 Google 的 TabLayout 控件，可以和 ViewPager 无缝结合，提供符合 Material 设计风格的页面导航效果。

然后自定义 ViewPager 的 FragmentPagerAdapter：MyViewPagerAdapter，代码如下。

```
1     public class MyViewPagerAdapter extends FragmentPagerAdapter {
2
3         public MyViewPagerAdapter(FragmentManager fm) {
4             super(fm, BEHAVIOR_RESUME_ONLY_CURRENT_FRAGMENT);
5         }
6
7         @Override
8         public Fragment getItem(int position) {
9             if(position == 0) {
10                return new LeftFragment();
11            } else if(position == 1) {
12                return new RightFragment();
13            } else {
14                return new SecondRightFragment();
15            }
16        }
17
18        @Override
19        public int getCount() {
20            return 3;
21        }
22
23        @Override
24        public CharSequence getPageTitle(int position) {
25            if(position == 0) {
26                return "首页";
27            } else if(position == 1) {
28                return "第二页";
29            } else {
30                return "第三页";
31            }
32        }
33    }
```

代码 1 行，自定义 Adapter 必须继承 FragmentPagerAdapter。

代码 8 行到 16 行，根据位置创建并返回对应的 Fragment 对象。

代码 19 行到 21 行，返回总共的 Fragment 对象数量。

代码 24 行到 32 行，根据位置返回页面的标题，配合 TabLayout 控件可显示在其对应页面的导航栏上。

最后，修改 MainActivity 代码，创建自定义 FragmentPagerAdapter 对象，并将其设置为 ViewPager 对象的 Adapter，代码如下。

```
1     public class MainActivity extends AppCompatActivity {
2
3         @Override
4         protected void onCreate(Bundle savedInstanceState) {
```

```
5            super.onCreate(savedInstanceState);
6            setContentView(R.layout.activity_main);
7
8            ViewPager viewPager = findViewById(R.id.view_pager);
9            MyViewPagerAdapter adapter =
10               new MyViewPagerAdapter(getSupportFragmentManager());
11           viewPager.setAdapter(adapter);
12
13           TabLayout tabs = findViewById(R.id.tabs);
14           tabs.setupWithViewPager(viewPager);
15       }
16   }
```

运行程序，效果如图 3-21 所示。

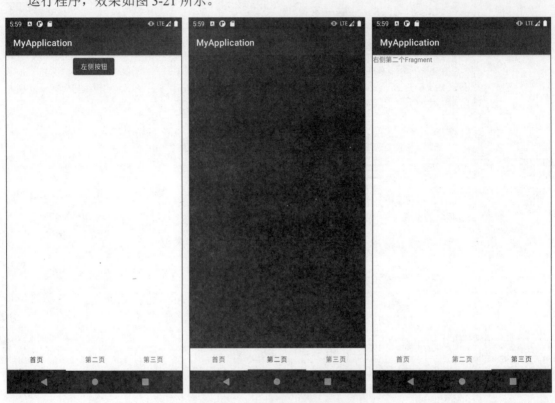

图 3-21　ViewPager 运行效果

3.4 项 目 实 战

视 频 讲 解

3.4.1　实现版本 1 的 "数字" 页面

1. 知识点

ListView 控件的使用。

2. 任务要求

为项目添加 Numbers 页面。

3．操作流程

（1）新建 Numbers 页面的 Activity。

首先，新建 Activity，模板选择空 Activity，取名为 NumbersActivity，同时为其生成布局文件 activity_numbers.xml，如图 3-22 所示。

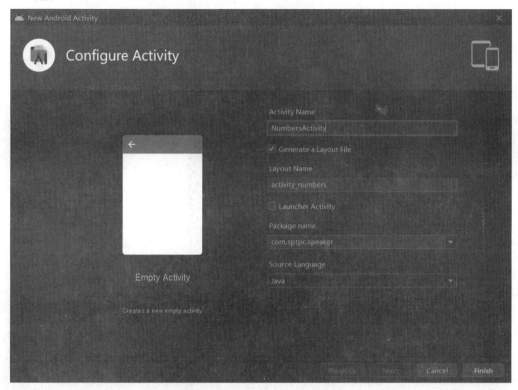

图 3-22　新建 NumbersActivity

在布局文件 activity_numbers.xml 中添加 ListView 控件，代码如下。

```
1   <androidx.constraintlayout.widget.ConstraintLayout xmlns:android="http://schemas.
android.com/apk/res/android"
2       xmlns:app="http://schemas.android.com/apk/res-auto"
3       xmlns:tools="http://schemas.android.com/tools"
4       android:layout_width="match_parent"
5       android:layout_height="match_parent"
6       tools:context=".NumbersActivity">
7
8   <ListView
9           android:id="@+id/numbers_list_view"
10          android:layout_width="match_parent"
11          android:layout_height="match_parent"/>
12
13  </androidx.constraintlayout.widget.ConstraintLayout>
```

（2）新建并使用 ArrayAdapter 对象，代码如下。

```
1   public class NumbersActivity extends AppCompatActivity {
2
3       @Override
4       protected void onCreate(Bundle savedInstanceState) {
5           super.onCreate(savedInstanceState);
6           setContentView(R.layout.activity_numbers);
```

```
7
8              ArrayAdapter<String> adapter = new ArrayAdapter<String>(
9                      NumbersActivity.this,
10                     android.R.layout.simple_list_item_1,
11                     getWords()
12             );
13             ListView listView = findViewById(R.id.numbers_list_view);
14      listView.setAdapter(adapter);
15         }
16
17      private List<String> getWords() {
18             List<String> words = new ArrayList<String>();
19             words.add("一");
20             words.add("二");
21             words.add("三");
22             words.add("四");
23             words.add("五");
24             words.add("六");
25             words.add("七");
26             words.add("八");
27             words.add("九");
28             words.add("十");
29             return words;
30         }
31  }
```

代码 17 行到 30 行，添加一个 getWords()方法，用于生成模拟数据。

代码 8 行到 12 行，创建一个基于 String 类型数据的 ArrayAdapter，并在代码 14 行通过 ListView 的 setAdapter()方法设置给 ListView 控件。

（3）实现首页跳转到 Numbers 页面，代码如下。

```
1   public class MainActivity extends AppCompatActivity {
2
3       @Override
4       protected void onCreate(Bundle savedInstanceState) {
5           super.onCreate(savedInstanceState);
6           setContentView(R.layout.activity_main);
7
8           TextView numbers = findViewById(R.id.number);
9           numbers.setOnClickListener(new View.OnClickListener() {
10              @Override
11              public void onClick(View v) {
12
13                  Intent intent = new Intent(MainActivity.this,
14                          NumbersActivity.class);
15                  startActivity(intent);
16              }
17          });
18      }
19  }
```

代码 8 行，从主页面布局文件中通过 id 获得 Numbers 页面的菜单，在本项目中实际是一个 TextView 控件。代码 9 行到 17 行，为其添加一个 OnClickListner 监听器，监听单击事件。

其中，代码 11 行到 16 行，实现 OnClickListner 监听器的 onClick()方法。创建跳转到 NumbersActivity 的 Intent 对象，并实现 Activity 的跳转。

执行后，效果如图 3-23 所示。

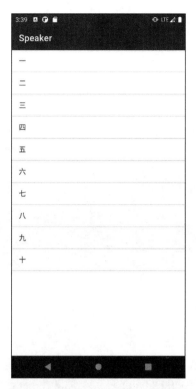

图 3-23 NumbersActivity 运行效果

3.4.2 丰富"数字"页面的界面

1. 知识点

ListView 控件自定义 Item 布局。

2. 任务要求

为 Numbers 页面自定义列表界面。

3. 操作流程

（1）新建数据模型类 Word，包含 3 个属性：示意图片的资源 id、中文和英文解释，代码如下。

```
1   public class Word {
2       private int imageId;
3       private String chinese;
4       private String english;
5
6       public Word(int imageId, String chinese, String english) {
7           this.imageId = imageId;
8           this.chinese = chinese;
9           this.english = english;
10      }
11
12      public int getImageId() {
13          return imageId;
14      }
15
16      public String getChinese() {
17          return chinese;
```

```
18        }
19
20      public String getEnglish() {
21          return english;
22      }
23  }
```

（2）新建 ListView 的布局文件 list_item，父布局选择 LinearLayout，如图 3-24 所示。

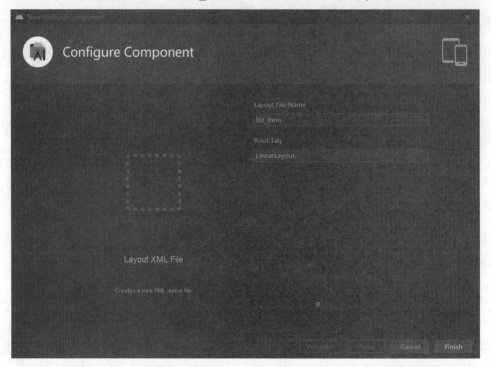

图 3-24 新建 ListView 的布局文件

因为在这个自定义 Item 的布局文件中使用了 CardView 控件，所以还需要在 Gradle 配置文件中添加 "androidx.cardview:cardview:1.0.0" 依赖，代码如下。

```
1   …
2   dependencies {
3       implementation 'androidx.appcompat:appcompat:1.1.0'
4       implementation 'com.google.android.material:material:1.1.0'
5       implementation 'androidx.constraintlayout:constraintlayout:1.1.3'
6       implementation 'androidx.cardview:cardview:1.0.0'
7       testImplementation 'junit:junit:4.+'
8       androidTestImplementation 'androidx.test.ext:junit:1.1.1'
9       androidTestImplementation 'androidx.test.espresso:espresso-core:3.2.0'
10  }
```

在 list_item.xml 布局文件中，每个 Item 使用 CardView 卡片控件作为父布局，每个 Item 界面中包含了一个示意图片、中文、英文解释和一个居右的播放按钮，完整代码如下。

```
1   <?xml version="1.0" encoding="utf-8"?>
2   <androidx.cardview.widget.CardView
3       xmlns:android="http://schemas.android.com/apk/res/android"
4       xmlns:app="http://schemas.android.com/apk/res-auto"
5       android:layout_width="match_parent"
6       android:layout_height="@dimen/height_list_item"
7       app:cardCornerRadius="10dp"
8       app:cardElevation="10dp"
```

```
9            android:layout_margin="8dp"
10           android:clickable="true"
11           android:focusable="true"
12           android:foreground="?attr/selectableItemBackgroundBorderless">
13
14       <LinearLayout
15           android:layout_width="match_parent"
16           android:layout_height="match_parent"
17           android:orientation="horizontal" >
18
19           <ImageView
20               android:id="@+id/word_image"
21               android:layout_width="@dimen/height_list_item"
22               android:layout_height="@dimen/height_list_item"
23               android:background="@color/color_background" />
24
25           <LinearLayout
26               android:id="@+id/words_background"
27               android:layout_width="0dp"
28               android:layout_height="match_parent"
29               android:layout_weight="1"
30               android:paddingLeft="@dimen/margin_activity_horizontal"
31               android:orientation="vertical">
32
33               <TextView
34                   android:id="@+id/chinese_text_view"
35                   android:layout_width="match_parent"
36                   android:layout_height="0dp"
37                   android:layout_weight="1"
38                   android:textStyle="bold"
39                   android:gravity="bottom"
40                   android:textAppearance="?android:textAppearanceMedium"
41                   android:text="中文" />
42
43               <TextView
44                   android:id="@+id/english_text_view"
45                   android:layout_width="match_parent"
46                   android:layout_height="0dp"
47                   android:layout_weight="1"
48                   android:gravity="top"
49                   android:textAppearance="?android:textAppearanceMedium"
50                   android:text="English" />
51
52           </LinearLayout>
53
54           <ImageView
55               android:id="@+id/play"
56               android:layout_width="40dp"
57               android:layout_height="40dp"
58               android:layout_gravity="center"
59               android:layout_marginRight="8dp"
60               android:src="@drawable/video_start"/>
61
62       </LinearLayout>
63   </androidx.cardview.widget.CardView>
```

（3）新建自定义 Adapter 类 WordAdapter，代码如下。

```
1   public class WordAdapter extends ArrayAdapter<Word> {
2       private int resourceId;
3
4       public WordAdapter(Context context, int resource, List<Word> objects) {
```

```
5            super(context, resource, objects);
6            resourceId = resource;
7        }
8
9        @Override
10       public View getView(int position, View convertView, ViewGroup parent) {
11           Word word = getItem(position);
12           View view = LayoutInflater.from(getContext())
13                   .inflate(resourceId, parent, false);
14           ImageView wordImageView = view.findViewById(R.id.word_image);
15
16           if(word.getImageId()!=0) {
17               wordImageView.setImageResource(word.getImageId());
18           } else {
19               wordImageView.setVisibility(View.GONE);
20           }
21           TextView chineseTextView = view.findViewById(R.id.chinese_text_view);
22           chineseTextView.setText(word.getChinese());
23           TextView englishTextView = view.findViewById(R.id.english_text_view);
24           englishTextView.setText(word.getEnglish());
25
26           return view;
27       }
28   }
```

代码 16 行到 20 行，考虑到短语可能是没有示意图片的，所以通过数据模型中的图片资源 id 是否有值判断界面上是否显示示意图片。

视频讲解

（4）修改 NumbersActivity，使用 WordAdapter 替换掉原来的 ArrayAdapter，代码如下。

```
1    public class NumbersActivity extends AppCompatActivity {
2        @Override
3        protected void onCreate(Bundle savedInstanceState) {
4            super.onCreate(savedInstanceState);
5            setContentView(R.layout.activity_numbers);
6            WordAdapter adapter = new WordAdapter(
7                    NumbersActivity.this,
8                    R.layout.list_item,
9                    getWords()
10           );
11           ListView listView = findViewById(R.id.numbers_list_view);
12           listView.setAdapter(adapter);
13       }
14
15       private List<Word> getWords() {
16           List<Word> words = new ArrayList<Word>();
17           words.add(new Word(R.drawable.number_one, "一","One"));
18           words.add(new Word(R.drawable.number_two, "二","Two"));
19           words.add(new Word(R.drawable.number_three, "三","three"));
20           words.add(new Word(R.drawable.number_four, "四","four"));
21           words.add(new Word(R.drawable.number_five, "五","five"));
22           words.add(new Word(R.drawable.number_six, "六","six"));
23           words.add(new Word(R.drawable.number_seven, "七","seven"));
24           words.add(new Word(R.drawable.number_eight, "八","eight"));
25           words.add(new Word(R.drawable.number_nine, "九","nine"));
26           words.add(new Word(R.drawable.number_ten, "十","ten"));
27
28           return words;
29       }
30   }
```

执行后，效果如图 3-25 所示。

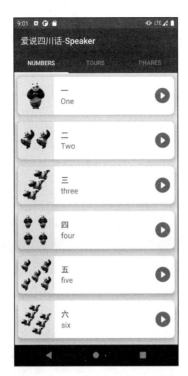

图 3-25　自定义 Item 界面运行效果

3.4.3　优化"数字"列表页面

1. 知识点

RecyclerView 控件。

2. 任务要求

使 Numbers 页面运行更流畅。

3. 操作流程

（1）修改 Numbers 页面的布局文件 activity_numbers.xml，改用 RecyclerView 控件代替 ListView 控件，代码如下。

视 频 讲 解

```
1   <?xml version="1.0" encoding="utf-8"?>
2   <androidx.recyclerview.widget.RecyclerView
3       xmlns:android="http://schemas.android.com/apk/res/android"
4       xmlns:tools="http://schemas.android.com/tools"
5       android:id="@+id/categoty_list"
6       android:layout_width="match_parent"
7       android:layout_height="match_parent"
8       android:background="@color/color_background"
9       tools:context=".NumbersActivity">
10
11  </androidx.recyclerview.widget.RecyclerView>
```

（2）新建 ViewHolder 辅助类 WordHolder。这里单独创建 ViewHolder 类，而不是将其实现为 Adapter 的内部类可以提高代码的复用，因为其他页面也可以使用这个自定义的 ViewHolder 类，代码如下。

```
1   public class WordHolder extends RecyclerView.ViewHolder {
2       private Context mContext;
```

```
3        private Word mWord;
4
5        private ImageView image;
6        private TextView chineseTextView;
7        private TextView englishTextView;
8
9        public WordHolder(View itemView, Context mContext) {
10           super(itemView);
11           this.mContext = mContext;
12
13           image = itemView.findViewById(R.id.word_image);
14           chineseTextView = itemView.findViewById(R.id.chinese_text_view);
15           englishTextView = itemView.findViewById(R.id.english_text_view);
16       }
17
18       public void bind(final Word word) {
19           if(word.getImageId()!=0) {
20               image.setImageResource(word.getImageId());
21           } else {
22               image.setVisibility(View.GONE);
23           }
24           chineseTextView.setText(word.getChinese());
25           englishTextView.setText(word.getEnglish());
26           mWord = word;
27       }
28  }
```

（3）修改 WordAdapter，适配 RecyclerView 控件，代码如下。

```
1   public class WordAdapter extends RecyclerView.Adapter<WordHolder> {
2
3       private List<Word> mWords;
4       private Context mContext;
5
6       public WordAdapter(Context activity, List<Word> words) {
7           mContext = activity;
8           mWords = words;
9       }
10
11      @Override
12      public WordHolder onCreateViewHolder(ViewGroup parent, int viewType) {
13          View itemView = LayoutInflater
14                  .from(mContext)
15                  .inflate(R.layout.list_item, parent, false);
16          return new WordHolder(itemView, mContext);
17      }
18
19      @Override
20      public void onBindViewHolder(final WordHolder holder, final int position) {
21          final Word word = mWords.get(position);
22          holder.bind(word);
23      }
24
25      @Override
26      public int getItemCount() {
27          return mWords.size();
28      }
29  }
```

（4）修改 NumbersActivity 代码，使用新的 WordAdapter，代码如下。

```
1   public class NumbersActivity extends AppCompatActivity {
2
```

```
3        @Override
4        protected void onCreate(Bundle savedInstanceState) {
5            super.onCreate(savedInstanceState);
6            setContentView(R.layout.activity_numbers);
7            WordAdapter adapter = new WordAdapter(
8                    NumbersActivity.this,
9                    getWords()
10           );
11           RecyclerView recyclerView = findViewById(R.id.categoty_list);
12           LinearLayoutManager layoutManager = new LinearLayoutManager(this);
13           recyclerView.setLayoutManager(layoutManager);
14           recyclerView.setAdapter(adapter);
15       }
16
17       private List<Word> getWords() {
18           List<Word> words = new ArrayList<Word>();
19           words.add(new Word(R.drawable.number_one, "一","One"));
20           words.add(new Word(R.drawable.number_two, "二","Two"));
21           words.add(new Word(R.drawable.number_three, "三","three"));
22           words.add(new Word(R.drawable.number_four, "四","four"));
23           words.add(new Word(R.drawable.number_five, "五","five"));
24           words.add(new Word(R.drawable.number_six, "六","six"));
25           words.add(new Word(R.drawable.number_seven, "七","seven"));
26           words.add(new Word(R.drawable.number_eight, "八","eight"));
27           words.add(new Word(R.drawable.number_nine, "九","nine"));
28           words.add(new Word(R.drawable.number_ten, "十","ten"));
29           return words;
30       }
31   }
```

执行后，效果如图 3-26 所示。虽然界面看起来和 ListView 没有什么区别，但是已经使用效率更高的 RecyclerView 控件重写了界面。

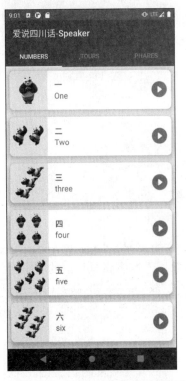

图 3-26　使用 RecyclerView 控件重写后的运行效果

3.4.4　播放四川方言发音

1. 知识点

MediaPlayer 基础。

2. 任务要求

单击播放按钮，播放对应短语的四川方言发音。

3. 操作流程

（1）首先需要添加音频资源。在项目的资源目录 res 下新建目录 raw，将项目的音频目录复制到该目录下，如图 3-27 所示。

图 3-27　添加音频资源

视频讲解

（2）修改数据模型类 Word，增加代表音频资源 id 的属性，代码如下。

```
1   public class Word {
2       private int imageId;
3       private String chinese;
4       private String english;
5       private int audioId;
6
7       public Word(int imageId, String chinese, String english, int audioId) {
8           this.imageId = imageId;
9           this.chinese = chinese;
10          this.english = english;
11          this.audioId = audioId;
12      }
13
14      public int getImageId() {
15          return imageId;
16      }
17
18      public String getChinese() {
19          return chinese;
20      }
21
22      public String getEnglish() {
23          return english;
24      }
25
26      public int getAudioId() {
27          return audioId;
28      }
29  }
```

（3）修改 NumbersActivity，添加 MediaPlayer 和 AudioManager 对象，并创建 AudioManager. OnAudioFocusChangeListener 对象用于监听音频焦点的状态变化，代码如下。

```
1   public class NumbersActivity extends AppCompatActivity {
2
3       MediaPlayer mediaPlayer;
4       AudioManager audioManager;
5
6       AudioManager.OnAudioFocusChangeListener focusChangeListener =
7               new AudioManager.OnAudioFocusChangeListener() {
8           @Override
```

```
9           public void onAudioFocusChange(int focusState) {
10
11              if(focusState == AudioManager.AUDIOFOCUS_LOSS_TRANSIENT ||
12                  focusState == AudioManager.AUDIOFOCUS_LOSS_TRANSIENT_CAN_DUCK) {
13                  mediaPlayer.pause();
14                  mediaPlayer.seekTo(0);
15              } else if(focusState == audioManager.AUDIOFOCUS_GAIN) {
16                  mediaPlayer.start();
17              } else if(focusState == audioManager.AUDIOFOCUS_LOSS) {
18                  releseMediaPlayer();
19              }
20          }
21      };
22
23      public void releseMediaPlayer() {
24          if(mediaPlayer != null) {
25              mediaPlayer.release();
26              mediaPlayer = null;
27              audioManager.abandonAudioFocus(focusChangeListener);
28          }
29      }
30
31      @Override
32      public void onDestroy() {
33          releseMediaPlayer();
34          super.onDestroy();
35      }
36
37      @Override
38      protected void onCreate(Bundle savedInstanceState) {
39          super.onCreate(savedInstanceState);
40          setContentView(R.layout.activity_numbers);
41          WordAdapter adapter = new WordAdapter(
42                  NumbersActivity.this,
43                  getWords()
44          );
45          RecyclerView recyclerView = findViewById(R.id.categoty_list);
46          LinearLayoutManager layoutManager = new LinearLayoutManager(this);
47          recyclerView.setLayoutManager(layoutManager);
48          recyclerView.setAdapter(adapter);
49
50          audioManager =
51              (AudioManager) this.getSystemService(Context.AUDIO_SERVICE);
52      }
53
54      /**
55       * 数字页面对应的数据列表
56       */
57      private List<Word> getWords() {
58          List<Word> words = new ArrayList<Word>();
59          words.add(new Word(
60                  R.drawable.number_one, "一","One", R.raw.number01));
61          words.add(new Word(
62                  R.drawable.number_two, "二","Two", R.raw.number02));
63          words.add(new Word(
64                  R.drawable.number_three, "三","three", R.raw.number03));
65          words.add(new Word(
66                  R.drawable.number_four, "四","four", R.raw.number04));
67          words.add(new Word(
68                  R.drawable.number_five, "五","five", R.raw.number05));
```

```
69          words.add(new Word(
70              R.drawable.number_six, "六","six", R.raw.number06));
71          words.add(new Word(
72              R.drawable.number_seven, "七","seven", R.raw.number07));
73          words.add(new Word(
74              R.drawable.number_eight, "八","eight", R.raw.number08));
75          words.add(new Word(
76              R.drawable.number_nine, "九","nine", R.raw.number09));
77          words.add(new Word(
78              R.drawable.number_ten, "十","ten", R.raw.number10));
79          return words;
80      }
81  }
```

代码 3 行和 4 行，声明 Activity 内全局的 MediaPlayer 和 AudioManager 属性。

代码 6 行到 21 行，创建 AudioManager.OnAudioFocusChangeListener 对象用于监听音频焦点的状态变化。其中，代码 11 行到 19 行，说明如果暂时失去音频焦点，暂停 MediaPlayer 的播放，并移至音频开始，为重新获得音频焦点后从头播放做好准备；如果获得音频焦点，调用 MediaPlayer 播放音频；如果失去音频焦点，调用自定义的 releseMediaPlayer()方法处理。

代码 23 行到 29 行，定义了 releseMediaPlayer()方法，该方法释放 MediaPlayer 对象，并设置 AudioManager 对象忽略之前创建的 AudioManager.OnAudioFocusChangeListener 对象。

代码 23 行到 25 行，Activity 被销毁时主动调用自定义的 releseMediaPlayer()方法释放资源。

在 Activity 的 onCreate()方法中，代码 50 行到 51 行，创建 AudioManager 对象。

视频讲解

（4）修改 WordHolder，实现 View.OnClickListener 并处理 Item 的单击事件，创建 MediaPlayer 对象，并根据 AudioManager 对象的状态响应 Item 的单击事件，代码如下。

```
1   public class WordHolder extends RecyclerView.ViewHolder
2           implements View.OnClickListener {
3       private Context mContext;
4       private Word mWord;
5       private ImageView image;
6       private TextView chineseTextView;
7       private TextView englishTextView;
8
9       public WordHolder(View itemView, Context mContext) {
10          super(itemView);
11          this.mContext = mContext;
12          image = itemView.findViewById(R.id.word_image);
13          chineseTextView = itemView.findViewById(R.id.chinese_text_view);
14          englishTextView = itemView.findViewById(R.id.english_text_view);
15
16          itemView.setOnClickListener(this);
17      }
18
19      public void bind(final Word word) {
20          if(word.getImageId()!=0) {
21              image.setImageResource(word.getImageId());
22          } else {
23              image.setVisibility(View.GONE);
24          }
25          chineseTextView.setText(word.getChinese());
26          englishTextView.setText(word.getEnglish());
27
28          mWord = word;
29      }
30
```

```
31        @Override
32        public void onClick(View view) {
33
34            if (mContext instanceof NumbersActivity) {
35                NumbersActivity activity = (NumbersActivity) mContext;
36                activity.releseMediaPlayer();
37
38                int result = activity.audioManager
39                        .requestAudioFocus(activity.focusChangeListener,
40                                AudioManager.STREAM_MUSIC,
41                                AudioManager.AUDIOFOCUS_GAIN_TRANSIENT);
42                if(result == activity.audioManager.AUDIOFOCUS_REQUEST_GRANTED) {
43                    activity.mediaPlayer = MediaPlayer.create(activity, mWord.getAudioId());
44                    activity.mediaPlayer.start();
45
46                    activity.mediaPlayer.setOnCompletionListener(
47                            new MediaPlayer.OnCompletionListener() {
48                        @Override
49                        public void onCompletion(MediaPlayer mediaPlayer) {
50                            activity.releseMediaPlayer();
51                        }
52                    });
53                }
54            }
55        }
56 }
```

代码 2 行，实现 View.OnClickListener 接口，重写 onClick(View view)方法监听 Item 的单击
事件。

在 WordHolder 辅助类内，代码 16 行，为 Item 对象注册 View.OnClickListener 单击监听器。

重写 onClick()方法中，代码 34 行中的 mContext 实际保存的是 NumbersActivity 对象，所以，
转换为 NumbersActivity 类型后，调用 NumbersActivity 中声明的 MediaPlayer 和 AudioManager
属性和其他定义的方法，如 releseMediaPlayer()方法。

代码 36 行，先调用 releseMediaPlayer()方法释放音频资源，是为了保证不会出现重复创建
MediaPlayer 对象，同时播放音频的情况。

代码 38 行到 41 行，首先申请音频焦点，如果获得焦点，利用 Item 对应的音频资源创建
MediaPlayer 对象，并播放音频。

代码 46 行到 52 行，为 MediaPlayer 对象注册音频播放完成后的回调，保证应用播放结束
后主动调用 releseMediaPlayer()方法释放资源。

运行程序后，单击某条短语，即可播放对应的四川方言。其他两个界面的开发类似，留给
读者自行完成。至此，Speaker 应用的第 1 个版本就开发完成了。

3.4.5　开发基于 Fragment 的版本 2

1. 知识点

Fragment、ViewPager 控件的使用。

2. 任务要求

将列表菜单修改为可左右滑动的页面效果。

3. 操作流程

（1）将版本 1 中的 NumbersActivity 修改为 NumbersFragment。具体步骤：新建 NumbersFragment

视 频 讲 解

视 频 讲 解

类，同时新建布局文件 fragment_category.xml，将原来 NumbersActivity 管理的列表页面改为 Fragment 管理。fragment_category.xml 的代码如下。

```
1    <?xml version="1.0" encoding="utf-8"?>
2    <androidx.recyclerview.widget.RecyclerView
3        xmlns:android="http://schemas.android.com/apk/res/android"
4        xmlns:tools="http://schemas.android.com/tools"
5        android:id="@+id/categoty_list"
6        android:layout_width="match_parent"
7        android:layout_height="match_parent"
8        android:background="@color/color_background"
9        tools:context=".NumbersActivity">
10
11   </androidx.recyclerview.widget.RecyclerView>
```

同时将原来 NumbersActivity 复制管理的 MediaPlayer、AudioManager 等代码也移至 NumbersFragment，由 Fragment 管理，类代码如下。

```
1    public class NumbersFragment extends Fragment {
2
3        private RecyclerView list;
4        MediaPlayer mediaPlayer;
5        AudioManager audioManager;
6
7    AudioManager.OnAudioFocusChangeListener focusChangeListener =
8            new AudioManager.OnAudioFocusChangeListener() {
9            @Override
10           public void onAudioFocusChange(int focusState) {
11               if(focusState == AudioManager.AUDIOFOCUS_LOSS_TRANSIENT ||
12                       focusState ==
13                           AudioManager.AUDIOFOCUS_LOSS_TRANSIENT_CAN_DUCK) {
14                   mediaPlayer.pause();
15                   mediaPlayer.seekTo(0);
16               } else if(focusState == audioManager.AUDIOFOCUS_GAIN) {
17                   mediaPlayer.start();
18               } else if(focusState == audioManager.AUDIOFOCUS_LOSS) {
19                   releseMediaPlayer();
20               }
21           }
22       };
23
24       public NumbersFragment() {
25       }
26
27       @Override
28       public View onCreateView(LayoutInflater inflater, ViewGroup container,
29                           Bundle savedInstanceState) {
30           View rootView = inflater
31                   .inflate(R.layout.fragment_category, container, false);
32           list = (RecyclerView)rootView.findViewById(R.id.categoty_list);
33           list.setLayoutManager(new LinearLayoutManager(getActivity()));
34           NumbersAdapter adapter = new NumbersAdapter(getWords());
35           list.setAdapter(adapter);
36
37           //创建 AudioManager
38           audioManager =
39             (AudioManager) getActivity().getSystemService(Context.AUDIO_SERVICE);
40           return rootView;
41       }
42
43       private void releseMediaPlayer() {
```

```
44          if(mediaPlayer != null) {
45              mediaPlayer.release();
46              mediaPlayer = null;
47              audioManager.abandonAudioFocus(focusChangeListener);
48          }
49      }
50
51      @Override
52      public void onDestroy() {
53          releseMediaPlayer();
54          super.onDestroy();
55      }
56  }
```

现在 NumbersActivity 的职责将变得非常简单，就是管理对应的 NumbersFragment，并提供上下文环境。其他几个页面也是类似，所以为了达到代码的复用，将原来的 activity_number.xml 布局文件重命名为 activity_category.xml。就像所有页面对应的 Fragment 都可以重复使用前面创建的 fragment_category.xml 布局文件一样，所有页面对应的 Activity 都可以使用这个布局文件，代码如下。

```
1   <?xml version="1.0" encoding="utf-8"?>
2   <FrameLayout
3       xmlns:android="http://schemas.android.com/apk/res/android"
4       android:id="@+id/fragment_container"
5       android:layout_width="match_parent"
6       android:layout_height="match_parent">
7
8   </FrameLayout>
```

修改后的 NumbersActivity 的代码如下。

```
1   public class NumbersActivity extends AppCompatActivity {
2       @Override
3       protected void onCreate(Bundle savedInstanceState) {
4           super.onCreate(savedInstanceState);
5           setContentView(R.layout.activity_category);
6
7           getSupportFragmentManager()
8                   .beginTransaction()
9                   .replace(R.id.fragment_container, new NumbersFragment())
10                  .commit();
11      }
12  }
```

其他两个页面的改造也是类似的，并且可以重复使用 fragment_category.xml 和 activity_category.xml 两个布局文件。具体操作留给读者自行完成。

（2）完成几个单独页面从 Activity 到 Fragment 的改造后，就可以使用 ViewPager 完成项目的左右滑动效果的改造了。修改 activity_main.xml 布局文件，代码如下。

```
1   <?xml version="1.0" encoding="utf-8"?>
2   <LinearLayout xmlns:android="http://schemas.android.com/apk/res/android"
3       xmlns:tools="http://schemas.android.com/tools"
4       android:layout_width="match_parent"
5       android:layout_height="match_parent"
6       android:background="@color/colorPrimary"
7       android:orientation="vertical"
8       tools:context=".MainActivity">
9
10      <com.google.android.material.tabs.TabLayout
11          android:id="@+id/tabs"
```

```
12          style="@style/CategoryTab"
13          android:layout_width="match_parent"
14          android:layout_height="wrap_content" />
15
16      <androidx.viewpager.widget.ViewPager
17          android:id="@+id/viewpager"
18          android:layout_width="match_parent"
19          android:layout_height="match_parent"/>
20
21  </LinearLayout>
```

（3）自定义 FragmentPagerAdapter：CategoryAdapter，代码如下。

```
1   public class CategoryAdapter extends FragmentPagerAdapter {
2
3       public CategoryAdapter(FragmentManager fm) {
4           super(fm);
5       }
6
7       @Override
8       public Fragment getItem(int position) {
9           if(position == 0) {
10              return new NumbersFragment();
11          } else if(position == 1) {
12              return new ToursFragment();
13          } else {
14              return new PharesFragment();
15          }
16      }
17
18      @Override
19      public int getCount() {
20          return 3;
21      }
22
23      @Nullable
24      @Override
25      public CharSequence getPageTitle(int position) {
26          if(position == 0) {
27              return "Numbers";
28          } else if(position == 1) {
29              return "Tours";
30          } else {
31              return "Phares";
32          }
33      }
34  }
```

（4）最后修改 MainActivity，使用自定义 FragmentPagerAdapter 管理 3 个 Fragment，代码如下。

```
1   public class MainActivity extends AppCompatActivity {
2
3       @Override
4       protected void onCreate(Bundle savedInstanceState) {
5           super.onCreate(savedInstanceState);
6           setContentView(R.layout.activity_main);
7
8           ViewPager viewPager = (ViewPager)findViewById(R.id.viewpager);
9           CategoryAdapter adapter =
10              new CategoryAdapter(getSupportFragmentManager());
```

```
11            viewPager.setAdapter(adapter);
12
13            TabLayout tabs = (TabLayout)findViewById(R.id.tabs);
14            tabs.setupWithViewPager(viewPager);
15        }
16 }
```

运行程序，效果如图 3-28 所示。

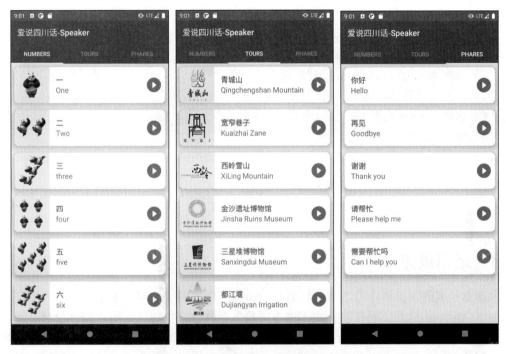

图 3-28　Speaker 应用 2.0 版本运行效果

3.5　小　　结

　　本章首先讲解了移动应用中最主要的界面类型——列表页面的开发，通过案例讲解了 ListView 控件和 RecyclerView 控件开发列表页面的基本思路和步骤。接着讲解了音频播放的处理，涉及 MediaPlayer 库和 AudioManager，前者可以控制音视频的播放、暂停和停止，而后者能管理音频播放过程中的状态。然后，讲解了 Fragment 相关知识，还讲解了使用 ViewPager 控件来管理多 Fragment 页面。最后，应用本章所学知识完成了一款能教外国朋友学说四川方言的移动应用。

　　通过本章学习，想必读者对多页面的移动应用开发已经有了自己的思路。

3.6　习　　题

1. 参照项目 3.4.1 至 3.4.3，实现"名胜景点""日常用语"两个页面的列表展示。

2. 参照项目 3.4.4，实现"名胜景点""日常用语"两个页面的语音播放。

3. 参照项目 3.4.5，将"名胜景点""日常用语"两个页面的实现由 Activity 改为 Fragment，并通过 ViewPager 实现左右滑动切换页面的效果。

第4章 实战项目——小黑日记

✏ **学习目标**

（1）了解数据存储的主要技术。
（2）了解四大组件结构和周期。
（3）掌握 SharedPreferences 存储技术。
（4）掌握文件存储技术。
（5）掌握 SQLite 数据库存储技术。
（6）掌握 JSON 数据格式。
（7）掌握四大组件中数据共享、数据通信技术。
（8）掌握 2D、音频、视频处理技术。

4.1 项 目 介 绍

4.1.1 项目概述

本章要实现的项目名称为"小黑日记"，该项目主要用于编写和展示用户私人日记。项目界面使用 Android 标准排版布局方式，用不同数据存储方式实现保存用户账号信息、用户日记及上传日志等数据，并通过 Android 各组件间数据通信技术实现本地日记与云端日记同步。

项目开发工具包括 JDK、Android Studio、SQLite，以上工具不做具体版本要求，建议使用最新的稳定版本。

4.1.2 项目设计

在项目开发前期只有一个总体目标，需要围绕这个总体目标将目标细化，把抽象的想法落实到具体的某个需求上，这样才能让开发团队形成对项目的统一认识和正确的理解，这个过程称为"需求设计"。在需求设计的过程中，通过可行性分析、用户画像和商业模式等数据分析，把控项目方向并做实时调整，避免出现费时费力后项目无法落地的情况。本项目作为教学实战项目，在需求设计阶段首先参考应用市场上的主流同款应用及 GitHub 上推荐的热搜应用，确认核心功能为编写展示私人日记，围绕核心功能，结合当前移动用户热衷于手机拍照以及对音频、视频处理的市场需求，创新设计多媒体日记，将传统的文本内容结合照片以及音频、视频等多种媒体数据，多角度打造用户私人定制日记。

1. 功能结构

通过需求设计，"小黑日记"包含六大功能模块，分别为登录模块、首页模块、编辑模块、拍照模块、音频模块、视频模块。项目结构如图 4-1 所示。

从图 4-1 中可以看出，登录模块无子功能项，仅做用户身份保存和检验；首页模块包含日记列表和日记上传功能；编辑模块包含文本、拍照、音频和视频 4 个功能。在后续章节的讲解中，将单独讲解拍照、音频、视频 3 个子功能多媒体模块，同时项目架构设计将在项目实战章节做具体讲解。

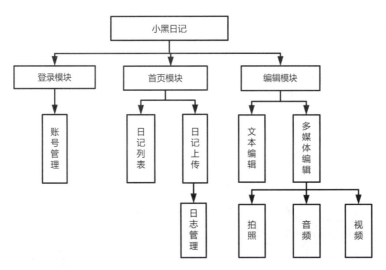

图 4-1　项目结构

2. 原型设计

基于以上功能设计，接下来设计项目原型图，包括功能的结构设计、各个页面的设计、页面间业务交互逻辑设计等。一个好项目的诞生，离不开合理的原型设计，原型设计根据需求创建软件目标形态，在项目开发初期以极小的投入验证软件的开发方向，所以这个过程非常重要。在原型设计阶段可以手绘草图，也可以利用工具高效建立原型图及交互逻辑，本项目原型设计采用的是 Adobe Xd 工具，最大程度上呈现软件的最终形态。项目各模块原型图描述如下。

"小黑日记"登录页如图 4-2 所示，该页面用于用户账号登录；首页如图 4-3 所示，该页面用于显示日记列表及相关信息；上传页如图 4-4～图 4-6 所示，用于用户选择上传的日记并完成上传；编辑页如图 4-7 和图 4-8 所示，分为新建日记和日记详情页；拍照页如图 4-9 和图 4-10 所示，用于拍照并将照片插入日记；音频页如图 4-11 所示，将选择的音频插入日记；视频页如图 4-12 和图 4-13 所示，将选择的视频插入日记。

图 4-2　登录页

图 4-3　首页

图 4-4　上传页

图 4-5　上传选择　　　　　图 4-6　上传进度　　　　　图 4-7　新建日记

图 4-8　日记详情页　　　　　图 4-9　拍照页　　　　　图 4-10　添加图片到日记

📝 **小贴士**：在设计阶段可以参考行业、市场上的 TOP 应用，参考的内容包括需求设计、原型设计和规范设计，参考数据来源应用市场排行榜和 GitHub 开源项目排行榜，但是参考并不是抄袭和照搬，在参考的基础上要有相应的创新。

应用市场排行榜：知乎、豆瓣。

GitHub 开源项目排行榜：https://github.com/trending。

3．业务流程

在开发项目前，细化需求和原型设计后，还需要了解项目的业务流程。根据对参考 App 和本项目核心需求的业务分析，设计本项目的业务流程图，如图 4-14 所示。

图 4-11　音频添加到日记

图 4-12　视频播放页

图 4-13　视频添加到日记

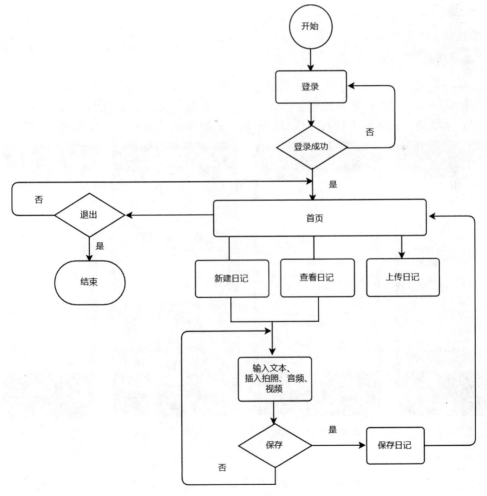

图 4-14　业务流程图

4.1.3 模块介绍

1. 登录模块

登录模块负责用户账号登录。App 启动后，在该页面引导用户输入账号密码并在单击"登录"按钮后进入首页；如果输入账号信息错误，需提示用户需要重新输入后再登录。页面还包含是否保存用户账号信息的设置项；如果选择保存账号信息，则数据通过 SharedPreferences 存储技术保存在本地，该用户再次进入登录页面时不用手动输入账号信息，页面自动填充即可登录。登录界面如图 4-15 所示。

2. 首页模块

登录成功后跳转到首页，首页用于显示日记列表并提供"新建日记""编辑日记""上传日记"等功能。当日记内容发生变化时，需在本页面实时更新并同步保存到本地数据库。首页内按新建日记的日期排序显示所有日记列表，日记列表支持单击和长按操作。单击单条日记，进入该日记的编辑模式。长按单条日记，弹出对话框显示是否删除该日记，删除日记的同时需清除本地数据库中该条数据，并将更新后数据实时显示到首页。首页功能菜单包括右上角"上传"功能和右下角浮动按钮"添加新日记"，如图 4-16 所示。

在首页单击"上传"按钮，首页内容区域的日记列表进入待选状态，选择要上传的日记并确定上传，弹出上传进度弹框，如图 4-17 所示。本项目中模拟网络上传的进度，不实现日记云端服务器收取上传数据功能。

3. 编辑模块

通过单击首页日记列表或首页浮动菜单进入日记详情页，日记详情页主要用于日记的编辑功能。日记编辑完成后执行保存操作，将日记数据存储到本地数据库，再次进入 App 首页会先将数据库中最新的日记信息以列表方式显示出来。编辑模块界面如图 4-18 所示。

图 4-15 登录界面　　　图 4-16 首页界面　　　图 4-17 上传弹框　　　图 4-18 日记详情页界面

4. 拍照模块

在日记详情页功能菜单中选择"拍照"命令切换至拍照页，该页面用于用户拍照预览、保存照片等。照片以 jpg 图片格式保存到本地，并作为媒体数据插入当前日记文本区，实现日记图文并存的富文本能力。拍照界面如图 4-19 所示。

5. 音频模块

在日记详情页功能菜单中选择"音频"命令，该模块用于将本地音频文件作为多媒体数据插入当前日记文本区，并提供播放、暂停、播放进度控制等功能操作。音频界面如图 4-20 所示。

6. 视频模块

在日记详情页功能菜单中选择"视频"命令切换至"视频播放页"，该页面用于播放视频，并将该视频插入当前日记。视频播放页如图 4-21 所示。

图 4-19　拍照界面　　　　图 4-20　音频界面　　　　图 4-21　视频播放页

4.2　知　识　地　图

用户界面以 Activity 为核心，包括了登录、日记显示、日记编辑三大主体模块以及拍照、音频、视频等业务功能模块。从构建 UI 布局、数据存储及各界面切换等多分支分析本项目需要用到的技术点和知识点。该项目功能模块对应知识点如图 4-22 所示。

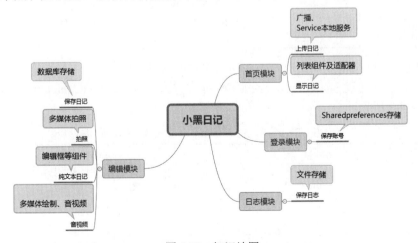

图 4-22　知识地图

📝小贴士：本项目中使用的技术并不是唯一方案，仅通过该项目讲解本节需要了解和掌握的知识点。

4.3　预 备 知 识

视 频 讲 解

4.3.1　SharedPreferences 存储

App 中一般都存在存储小型数据的场景。例如，用户对软件的设置，软件版本信息，软件日志等信息保存。这类信息较少，而且更新频率不高，通常使用 SharedPreferences 存储技术来存储这类数据。

SharedPreferences 将数据以键-值对"Key:Value"的形式保存在 XML 文件中，XML 文件被保存于"/data/data/程序包名/shared_prefs"目录下。

SharedPreferences 接口位于 android.content 包中，通过 getSharedPreferences()方法获得 SharedPreferences 对象，并在获取对象的同时设置对 XML 文件的操作权限。getSharedPreferences (String name, int mode)方法中 mode 参数的取值方式及其说明如表 4-1 所示。

表 4-1　读写方式

取　　值	含　　义
Context.MODE_PRIVATE	指定只有本应用程序才能读写该 XML 文件
Context.MODE_APPEND	先检查 XML 文件是否存在,如果存在并执行写操作则文件追加内容，否则就创新一个新的 XML 文件
Context.MODE_WORLD_READABLE	指定该 XML 文件只能读，不能写
Context.MODE_WORLD_WRITEABLE	指定该 XML 文件能被读、写

SharedPreferences 对象的常用方法如表 4-2 所示。

表 4-2　SharedPreferences 对象的常用方法

返　回　值	方 法 名 称	含　　义
boolean	contains(String key)	判断 XML 文件中是否包含特定名称为 key 的数据,如果有则返回 true，否则返回 false
SharedPreferences.Editor	edit()	获取 Editor 对象，用于 XML 文件写操作
Map<String, ?>	getAll()	获取 XML 文件中所有键-值对
xxx	getXxx(String key, xxx defValue)	获取指定 key 对应的 value，value 的类型为 xxx 类型。例如，getBoolean(String key, boolean defValue)获取 key 的 value 为 boolean 类型

从表 4-2 中可以看出，SharedPreferences 对象只能读取 XML 文件中的数据。如果需要修改文件中的内容，需要通过 SharedPreferences.Editor 对象来操作。SharedPreferences.Editor 对象的常用方法如表 4-3 所示。

表 4-3　SharedPreferences.Editor 对象的常用方法

返　回　值	方 法 名 称	含　　义
boolean	commit()	当 editor 编辑完成，需要调用该方法提交修改。提交成功返回 true，否则返回 false
void	apply()	当 editor 编辑完成，需要调用该方法提交修改，该方法是异步操作，所以无返回值
SharedPreferences.Editor	remove(String key)	删除 XML 文件中指定 key 对应的 value

返 回 值	方 法 名 称	含　义
SharedPreferences.Editor	putXxx(String key, xxx value)	存入指定 key 对应的 value，value 的类型为 xxx 类型。例如，putBoolean(String key, boolean value)设置 key 的 value，并且 value 为 boolean 类型

接下来，通过一个简单例子来说明操作 SharedPreferences 读取数据的具体步骤。

（1）获取 SharedPreferences 对象。

```
1   //获得 SharedPreferences, 并指定文件为 minafangSP.xml
2   private String MY_SHARE_PREFERENCE  = "minafangSP";
3   SharedPreferences sp = getSharedPreferences(
4   MY_SHARE_PREFERENCE, MODE_PRIVATE);
5
6   写 key: value 到 SharedPreferences 对象指定 xml 文件
7   //将登录信息的用户名密码写入 minafangSP.xml 文件中
8   //获得登录页用户名控件对象
9   EditText  et1 = (EditText)findViewById(R.id.account_et);
10  //获得登录页面密码控件对象
11  EditText  et2 = (EditText)findViewById(R.id.pwd_et);
```

（2）写 SharedPreferences 对象指定 xml 文件内 key 的 value。

```
1   //获得控件内输入信息
2   String account = et1.getText().toString();
3   String pwd = et2.getText().toString();
4    SharedPreferences.Editor editor = sp.edit();     //获得 Editor 对象
5   //"username"是 key, 变量 account 中保存的是 value
6   editor.putString("username", account);
7   //"password"是 key, 变量 pwd 中保存的是 value
8   editor.putString("password", pwd);
9   editor.commit();                                  //确认提交
```

（3）读 SharedPreferences 对象指定 XML 文件内 key 的 value。

```
1   //从 minafangSP.xml 文件中获得用户名信息并保存到变量 username
2   String username = sp.getString("username", null);
3   //从 minafangSP.xml 文件中获得密码信息并保存到变量 password
4   String password = sp.getString("password", null);
```

通过执行以上代码，打开手机文件管理可以看到手机目录/data/data/com.minafang.mininote/ shared_prefs/下生成文件 minafangSP.xml，如图 4-23 所示。

打开 XML 文件，看到文件内容及格式，如图 4-24 所示。

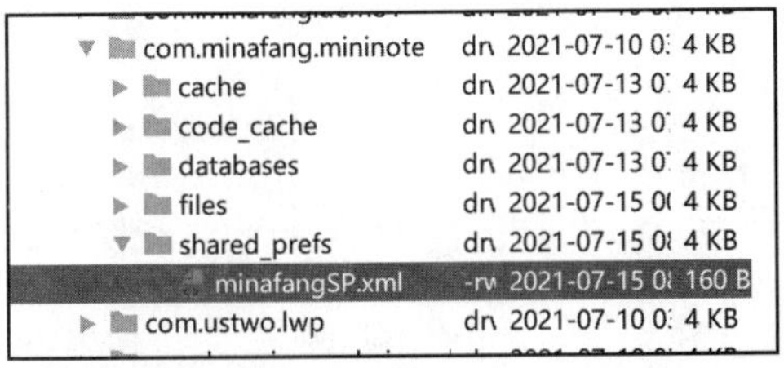

图 4-23　SharedPreferences 文件目录

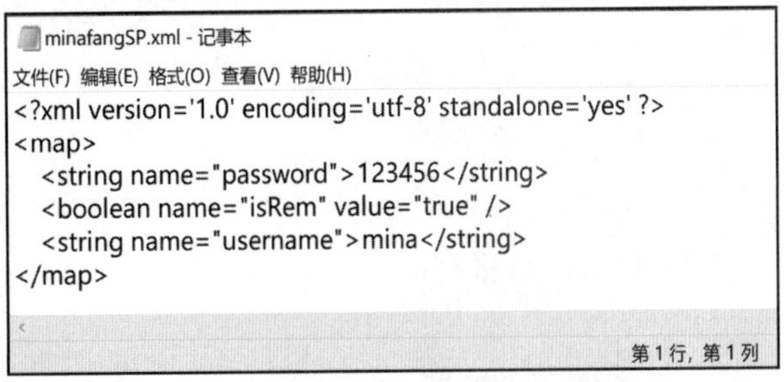

图 4-24　minafangSP.xml 文件内容

4.3.2　文件存储

在 4.3.1 节中讲解了 SharedPreferences 数据存储，SharedPreferences 以键-值对 key:value 的

方式存储小量、不常更新的数据，那么在需要存储数据量较大的场景时，Android 系统提供了以下两种存储方式。

Android 系统最为常用的数据存储是文件存储，该存储方式和 Java 中文件存储方式类似。根据文件存放位置不同，文件存储分为内部存储和外部存储。本节将对这两种存储方式分别进行详细讲解。

视频讲解

1. 内部存储

文件存放在应用程序目录内，也称为 File 存储。Android 中读写文件的方法与 Java 中的 I/O 操作是一样的，主要使用 FileInputStream 对象实现读文件操作；使用 FileOutPutStream 来创建和写文件操作。这两类对象常用的方法及其说明如表 4-4 所示。

表 4-4　内部存储读写方法

返 回 值	方 法 名 称	含 义
FileOpenputStream	openFileOutput(String name, int mode)	打开指定的文件，返回文件输出流对象。name 为要打开的文件，不能包含路径分隔符号。mode 是文件访问权限，包含 4 种模式：Environment.MODE_PRIVATE、Environment.MODE_APPEND、Environment.MODE_WORLD_READABLE、Environment.MODE_WORLD_WRITEABLE
FileInputStream	openFileInput(String name)	读取文件内容，返回文件输入流对象。name 为要读取的文件名，不能包含路径分割符

内部存储文件的存放路径在/data/data/<packagename>/files/。需要强调一点，如果应用程序被卸载，内部存储的文件会被删除。

接下来看一个简单的内部文件存储例子，在这个例子中要求首先以当前系统时间命名创建文件，在文件中写入 hello,World 字符串；接着读取该文件中内容，并用 Log.d 输出文件内容，实现步骤如下。

（1）创建、写入文件。

```
1   SimpleDateFormat sdf = new SimpleDateFormat("yyyy-MM-dd HH:mm");
2   String date = sdf.format(date);
3   try{
4       //以当前程序运行日期为名字创建文件
5       FileOutputStream fos = openFileOutput(date,Context.MODE_PRIVATE);
6       //写入文字 "hello,World"
7       fos.write("hello,World");
8       fos.flush();
9       fos.close();
10  } catch (Exception e) {
11      //捕获异常
12      e.printStackTrace();
13  }
```

（2）读取文件数据。

```
1   try{
2       FileInputStream fis = openFileInput(date);
3       //读文件
4       ByteArrayOutputStream stream = new ByteArrayOutputStream();
5       Byte[] buffer = new byte[1024];
6       int length = -1;
7       While((length = fis.read(buffer)) != -1){
8           stream.write(buffer,0,length)
```

```
9         }
10        fis.close();
11        Log.d("ReadFile","文件中内容是: " + stream.toString());
12    } catch (Exception e) {
13        //捕获异常
14        e.printStackTrace();
15    }
```

以上代码正常运行后，打开手机文件管理器，可以看到在/data/data/com.minafang.mininote/ files 目录下生成了以当前时间命名的文件，如图 4-25 所示。单击打开该文件看到写入内容，如 图 4-26 所示。

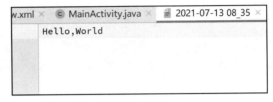

图 4-25　内部存储文件目录　　　　　　　　　图 4-26　内部存储文件内容

视频讲解

2. 外部存储

Android 内部存储空间较小，而且文件保存在私有目录下，访问安全要求较高，所以 Android 设备除了提供内部存储，还提供了支持共享的外部存储来保存文件。文件存放在手机外部存储 设备 SDCard 卡中，也称为 SDCard 存储。保存在外部存储的文件是全局共享的，可以存放较大 文件及安全性要求较低的文件，如下载的音频、视频、小说等文件。

操作 SDCard 文件前，必须首先获得 SDCard 的相关权限，在 AndroidManifest.xml 中添加 如下权限声明。

```
1    <!--在 SDCard 中创建与删除文件权限 -->
2    <uses-permission android:name="android.permission.MOUNT_UNMOUNT_FILESYSTEMS" />
3    <!--开启 SDCard 读写权限 -->
4    <uses-permission android:name="android.permission.READ_EXTERNAL_STORAGE" />
5    <uses-permission android:name="android.permission.WRITE_EXTERNAL_STORAGE" />
```

申请本地目录操作权限后，通过调用 Environment.getExternalStorageDirectory()方法获得外 部存储器的目录/sdcard/，这个目录是手机外部存储的根路径，可以存放各种类型文件。在该目 录下读写文件的过程和 Java 中 File 的操作流程是一致的。

下面将通过实现一段案例代码来掌握外部文件的读写过程。在代码中创建文件前先判断目 录及文件 loginA.cfg 是否存在，如果不存在则建立目录和文件。打开文件写入 test write file。创 建文件 loginB.cfg，将 loginA.cfg 中内容写入 loginB.cfg 文件中。

实现步骤如下。

（1）创建、写入文件。

```
1    try {
2        //write external file: /sdcard
3        File root =Environment.getExternalStorageDirectory();
4        //设置文件存储路径/sdcard/log/
5        String path =root.getAbsolutePath()+"/log";
6        File dir =new File(path);
7        if (!dir.exists()) {
8            dir.mkdir();          //如果目录不存在，则需要创建新目录
9        }
10       //设置写入文件 sdcard/log/loginA.cfg
```

```
11          File file = new File(dir,"loginA.cfg");
12          //如果文件不存在，则需要创建新文件
13          if (!file.exists())
14              file.createNewFile();
15          FileWriter fileWriter = new FileWriter(file);
16          fileWriter.write("test write file");
17          fileWriter.close();
18      } catch (Exception e) {
19          e.printStackTrace();
20      }
```

（2）读取文件数据。

```
1   try {
2          File f1 = new File(dir,"loginA.cfg");
3          File f2=new File(dir, "loginA.cfg");
4          FileReader fr=new FileReader(f1);
5          FileWriter fw=new FileWriter(f2,true);
6          int b;
7          //从loginA.cfg中读出数据写入文件loginB.cfg中
8          while(( b=fr.read() ) != -1 )
9              fw.write(b);
10         fr.close();
11         fw.close();
12     } catch(Exception e) {
13         e.printStackTrace();
14     }
```

以上代码正常运行后，打开手机文件管理器在/sdcard/minafang/目录下可以看到生成 LoginA.cfg 和 LoginB.cfg 文件，如图 4-27 所示。打开 LoginA.cfg 文件，可看到文件内容如图 4-28 所示，请读者思考 LoginB.cfg 文件中内容是什么？

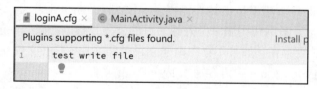

图 4-27　外部存储文件路径

图 4-28　外部存储文件内容

4.3.3　SQLite 存储

Android 提供了开源的、轻量级数据库系统 SQLite。SQLite 和其他主流数据库系统相比，它占用资源少、运行效率高，代码结构简单，所以被作为手机操作系统的本地数据库。一般情况下，在 App 设计数据库功能模块时需要先判断数据库是否已创建、是否需要更新、能否正常打开，在以上条件确认正确后开始对数据库进行读写操作。否则需要首先创建、更新数据库。当然也存在另一种情况，在其他环境或系统中已经创建好了数据库，在 App 中只需要导入数据

库就可以读写数据库。本小节主要对代码中创建数据库并完成数据库操作的过程进行详细讲解。

1. 数据库创建

SQLite 中提供了两种方式创建数据库。第一种方式使用系统方法 openOrCreateDatabase() 来创建或打开一个数据库。第二种方式通过 SQLiteOpenHelper 类创建更新数据库。

openOrCreateDatabase(String name, int mode, SQLiteDatabase.CursorFactory factory)是 SQLiteDatabase 类提供的公共方法,用于创建/打开数据库对象,该方法中 name 参数是数据库的名字;mode 参数是打开数据库的模式,包含 MODE_PRIVATE、MODE_WORLD_READABLE、MODE_WORLD_ WRITEABLE 等几种设置,与 SharedPreferences 中读写文件模式含义相同。factory 参数是实例化游标的工厂类对象,非必须设置的参数,一般设置为 null。

SQLiteOpenHelper 是 SQLite 的数据库辅助类,用来管理数据库的创建和更新版本。由于它是一个抽象类,在使用时必须实现该类的以下两个方法。

```
public abstract void onCreate(SQLiteDatabase db);
public abstract void onUpgrade(SQLiteDatabase db, int oldVersion, int newVersion);
```

数据库文件一般存储在应用程序私有目录下,这样可以保障数据库中数据不被其他程序恶意访问或篡改。对于高安全的数据,建议加密后再存入数据库,密钥和签名内容则需要采用二次加密等方式存储在数据库。存放在本地的数据库可以导出后用 Navicat 等工具查看或编辑。

下面采用 SQLiteOpenHelper 类创建数据库,实现步骤如下。

(1)定义 Helper 类。

```
1   public class MyDBHelper  extends SQLiteOpenHelper {
2   final String  CREATE_DB_SQL = "create table student(id integer primary key, " + "name
varchar(16), age varchar(8))";
3
4       public MyDBHelper (Context context, String name,
5                       SQLiteDatabase.CursorFactory factory) {
6           super(context, name, null, 1);
7       }
8
9       @Override
10      public void onCreate(SQLiteDatabase db) {
11          Log.d("SQLHelper","onCreate" +  CREATE_DB_SQL);
12          db.execSQL(CREATE_DB_SQL);
13      }
14
15      @Override
16      public void onUpgrade(SQLiteDatabase arg0, int arg1, int arg2)        {
17          Log.d("SQLHelper","onUpgrade old version:" +  arg1 +
18                          ",newVersion: " + arg2 );
19      }
20  }
```

(2)在 Activity 中使用 Helper 类,通过 getReadableDatabase()方法获取 SQLiteDatabase 对象来操作数据库。

```
1   MyDBHelper dbHelper = new MyDBHelper (this, "student", null);
2   SQLiteDatabase db = dbHelper.getReadableDatabase();
```

以上代码正常运行后可以看到在/data/data/com.minafang.mininote/databases/目录下生成了 note 数据库及相关配置文件,如图 4-29 所示。

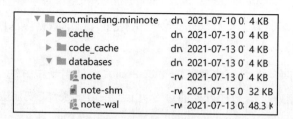

图 4-29　数据库存储目录

2. 数据库操作

Android 为 SQLite 的开发提供了 SQLiteDatabase 类，该类封装了一些方法对数据库进行增、删、改、查等操作，如 insert()、delete()、update()、query()。同时还提供一些方法直接执行 SQL 语句，如表 4-5 所示。

表 4-5　数据库操作方法

返 回 值	方 法 名 称	含 义
long	insert(String table, String nullColumnHack, ContentValues values)	向表中插入数据。 table 参数指定表名。 nullColumnHack 参数用于指定当 values 参数为空时，将哪个字段设置为 null，如果 values 不为空，则该参数值可以设置为 null，该参数为可选参数。 values 参数指定具体要添加数据的字段值
int	delete(String table, String whereClause, String[] whereArgs)	从表中删除数据。 table 参数指定表名。 whereClause 参数用于指定条件语句，可以使用占位符"?"。 whereArgs 参数指定当 whereClause 有占位符时对应字段的值
int	update(String table, ContentValues values, String whereClause, String[] whereArgs)	更新表中数据。 table 参数指定表名。 values 参数指定要更新字段及对应的字段值。 whereClause 参数用于指定条件语句，可以使用占位符"?"。 whereArgs 参数指定当 whereClause 有占位符时对应字段的值
Cursor	query(String table, String[] columns, String selection, String[] selectionArgs, String groupBy, String having, String orderBy, String limit)	查询表中数据。 table 参数指定表名。 columns 参数指定要查询的列，若为 null，则返回所有列。 selection 参数用于指定查询条件，可以使用占位符"?"。 selectionArgs 参数指定当 selection 中有占位符时对应字段的值。 groupBy 参数用于指定分组方式。 having 参数用于指定 having 条件。 orderBy 参数用于指定排序方式。 limit 参数用于限制返回的记录条数
void	execSQL(String sql, Object[] bindArgs)	执行标准的 SQL 语句 sql 参数是将要执行的 SQL 语句字符串。 bindArgs 参数是用来替换 sql 参数的"?"占位符对应的值数组

下面以一个简单案例的核心代码为例对数据库做增、删、改、查等操作进行讲解。

```
1    String TABLE = "student";
2    SQLiteDatabase db;
3    //在表 student 中插入一行数据
4    ContentValuse values = new ContentValues();
5    values.put("id","20210012032");
```

```
6    values.put("name", "mina");
7    values.put("age","18");
8    db.insert(TABLE, null, values);
9
10   //更新表中数据,,将名字为 mina 的学生年龄改为 20
11   ContentValuse upvalues = new ContentValues();
12   upvalues.put("age","20");
13   db.update(TABLE, upvalues, "name='mina'", null);
14
15   //删除学号为 20210012032 的记录
16   db.delete(TABLE, "id=?",new String[]{"20210012032"});
17
18   //查询表中所有数据
19   Cursor cursor = db.query(TABLE,null,null,null,null,null,null,null);
20   If(cursor.movetoFirst())
21   {
22       while(!cursor.isAfterLast())
23       {
24           Log.d("SQLite","id:" + cursor.getInt(0) +
25                                "name:" + cursor.getString(1) +
26                                "age:" + cursor.getString(2));
27       }
28   }
```

4.3.4　JSON 数据

Android 将数据展示在用户界面上，并通过业务逻辑更新数据，在多种场景中，Android 主要使用 JSON 格式组装数据。例如，前后端数据通信，组件之间数据通信等。

JSON(JavaScript Object Notation)是一种基于文本的轻量级数据格式，常被用于客户端服务端之间数据交换。它使用简单，便于拓展，是编程人员首选的存储交换数据格式。本节将针对 JSON 数据的结构和解析两方面做详细讲解。

1. JSON 数据结构

JSON 数据用键-值对的方式表达，其语法格式为"键:值"或"key:value"，这种格式数据称为键-值对。其中 key 必须是字符串 String 类型，value 可以是 String、number、object、array 等数据类型。例如，"name": "张三"表示命名为 name 的键，其值为字符型"张三"；"年龄": 18 表示命名为年龄的键，其值为整型的 18。

Android 的 JSON 数据结构分为两种，即 JSON 对象（JSON Object）和 JSON 数组（JSON Array）。

1）JSON 对象

JSON 对象可以包括一个键-值对，也可以包括多个键-值对，要求在大括号"{}"中书写，键-值对之间用逗号","分隔，注意最后一个键-值对结尾没有逗号，其语法格式如下。

```
{key1:value1, key2:value2, …}
```

例如：

```
{"学号": "00001", "姓名": "张三", "专业": "软件开发", "平均分":85}
```

JSON 对象可以嵌套 JSON 对象，也就是说，JSON 对象的某个 key 对应的 value 也可以是一个新的 JSON 对象，其语法格式如下。

```
{
key1:value1,
key2:{
```

```
    key21:value21,
    key22:value22,
    …
    },
  …
}
```

例如：

```
{
  "学号": "00001" ,
  "姓名": "张三",
  "专业": "软件开发",
  "成绩":{
        "Java 程序设计" : 90,
        "数据结构" : 88,
        "英语" : 95
        }
}
```

2）JSON 数组

JSON 数组可以包含多个 JSON 对象作为元素，每个元素之间用逗号","分隔，最后一个元素结尾没有逗号，最外层用方括号"[]"。JSON 数组是 JSON 对象的有序对象，其语法格式如下。

```
[
{key1:value1, key2:value2,…},
{key1:value11, key2:value21,…},
{key1:value12, key2:value22,…}
]
```

例如：

```
[
{"学号":"00001","姓名":"张三","专业":"软件开发","平均分":85},
{"学号":"00002","姓名":"李四","专业":"软件开发","平均分":65}
]
```

2. JSON 数据解析

JSON 两种数据格式的解析过程需要分别用到 JSONObject 和 JSONArray 类。

1）构建 JSON 数据

JSON 数据对象和数组对象都是通过先实例化对应的对象，然后调用对象的 put()方法来构建 JSON 数据的，案例代码如下。

```
1    public void createJsonData()
2    {
3        JSONObject s1 = new JSONObject();
4        JSONObject s2 = new JSONObject();
5        try {
6            //创建一个 JSON 对象
7            s1.put("名字","张三");
8            s1.put("学号","00001");
9            s1.put("专业","软件开发");
10           s1.put("平均成绩",85);
11
12           //创建一个 JSON 对象
13           s2.put("名字","李四");
14           s2.put("学号","00002");
15           s2.put("专业","软件开发");
```

```
16            s2.put("平均成绩",65);
17
18            //创建一个 JSON 数组，存放 s1 和 s2 对象
19            JSONArray  studentArray = new JSONArray();
20            studentArray.put(s1);
21            studentArray.put(s2);
22
23            //将 JSON 数组存放在一个 JSON 对象中
24            JSONObject info = new JSONObject();
25            info.put("info",studentArray);
26        } catch (JSONException e) {
27            e.printStackTrace();
28        }
29 }
```

2）解析 JSON 数据

如果其值为数组，则需要通过 JSON 对象获取数组的值；如果解析的是对象，就直接获取对象。

```
1  public void parseJsonData(JSONObject info)
2  {
3      try {
4          JSONArray stuArray = info.getJSONArray("info");
5          for(int i=0; i<stuArray.length(); i++)
6          {
7              JSONObject s = stuArray.getJSONObject(i);
8              String name = s.getString("名字");
9              String id =  s.getString("学号");
10             String major =  s.getString("专业");
11             Double average =  s.getDouble("平均成绩");
12         }
13     } catch (JSONException e) {
14         e.printStackTrace();
15     }
16 }
```

4.3.5　Activity 数据传递

Android 系统中的应用一般多为多页面应用，不同的业务逻辑和用户操作放在不同的页面中，一个页面就是一个 Activity。本章的实战项目中设计了多个功能模块，如录音模块、编辑模块等，这些功能模块有不同的用户界面，被放在不同的 Activity 中，用户在操作页面功能时，会触发界面跳转，也就是 Activity 之间的跳转。有的页面跳转是无数据跳转，有的页面跳转则需要携带数据跳转。本节将讲解 Activity 通过 Intent 实现页面跳转和页面间数据传递。

1．Intent（意图）

Intent 是用来启动 Android 四大组件的一个非常重要的类，并且通过这个类可以在不同组件之间切换时传递数据。Intent 的主要用途有以下 3 种。

（1）启动 Activity。将 Intent 对象作为参数传递给 startActivity()或 startAcitivtyForResult()启动目标 Activity。Intent 对象可以携带数据传递给目标 Activity。

（2）启动 Service。将 Intent 对象作为参数传递给 startService()或 bindService()启动服务。Intent 对象可以携带数据传递给服务。

（3）发送广播。将 Intent 对象作为参数传递给 sendBroadcast()或 sendOrderedBroadcase()，并可以携带数据给所有广播接收者。

Intent 根据启动方式不同，分为显式 Intent 和隐式 Intent。下面针对这两种 Intent 分别详细讲解如何实现页面跳转和数据传递。

1）显式 Intent

Intent 对象中直接指明目标组件，则该 Intent 是显式 Intent，具体代码如下。

```
1  Intent intent = new Intent(MainActivity.this, DetailActivity.class);
2  startActivity(intent);
```

其中 Intent 构造函数第一个参数为当前 Activity 对象，第二参数为目标 Activity 的 class，其特点是必须清楚地指明要跳转的目标组件所在类名。

2）隐式 Intent

Intent 中没有明确指明目标 Activity 所在 class，而是设定符合条件的 Activity。这些条件可以通过 action、category 等属性信息来设定，系统根据这些条件找出符合条件的 Activity 并弹框列出，由用户选择某一个目标 Activity 被启动。例如，在 App 中需要浏览一个网页，在当前 App 又有多个 Activity 有浏览网页的能力，在手机其他 App 上也有 Activity 有浏览网页的能力，所以当 Intent 启动后，系统会通知到所有有能力浏览网页的组件，用户在手机上看到弹出 App 列表要求选择用哪个 App 来打开浏览该网页。同理还有地理定位功能，如果手机上安装了高德地图、百度地图、腾讯地图等地图软件，在需要地理定位时，系统会弹框让用户选择用什么软件来定位。浏览网页的隐式 Intent 实例代码如下。

```
1  Uri uri = Uri.parse("https://www.baidu.com");
2  Intent intent = new Intent(Intent.ACTION_VIEW, uri);
3  startActivity(intent);
```

系统中定义的标准 ACTION 说明，如表 4-6 所示。

表 4-6 标准 ACTION 说明

常　　量	说　　明
ACTION_MAIN	作为初始的 Activity 启动，没有数据输入输出
ACTION_VIEW	将数据显示给用户
ACTION_ATTACH_DATA	用于指示一些数据应该附属于其他地方
ACTION_EDIT	将数据显示给用户用于编辑
ACTION_PICK	从数据中选择一项，并返回该项
ACTION_CHOOSER	显示 Activity 选择器，允许用户在继续前按需选择
ACTION_GET_CONTENT	允许用户选择特定类型的数据并将其返回
ACTION_DIAL	使用提供的数字拨打电话
ACTION_CALL	使用提供的数据给某人拨打电话
ACTION_SEND	向某人发送消息，接收者未指定
ACTION_SENDTO	向某人发送消息，接收者已指定
ACTION_ANSWER	接听电话
ACTION_INSERT	在给定容器中插入空白项
ACTION_DELETE	从容器中删除给定数据
ACTION_RUN	无条件运行数据
ACTION_SYNC	执行数据同步
ACTION_PICK_ACTIVITY	挑选给定 Intent 的 Activity，返回选择的类
ACTION_SEARCH	执行查询
ACTION_WEB_SEARCH	执行联机查询
ACTION_FACTORY_TEST	工厂测试的主入口点

2.数据通信

Intent 类提供了多个公有方法存储数据并发送到目标组件。同时还可以用 Bundle 类组装数据，Intent 只需要携带 Bundle 将数据发送到目标组件。

1）Intent.putExtra(String key, xxx value)

该方法以键-值对的方式存储数据，第一个参数是 key 名，第二个参数是 key 对应的 value。xxx 可以是 String、int 等多种数据类型。目标 Activity 通过 getXXXExtra(String key)获取数据，其中"XXX"表示 value 的数据类型。方法列表如图 4-30 所示。

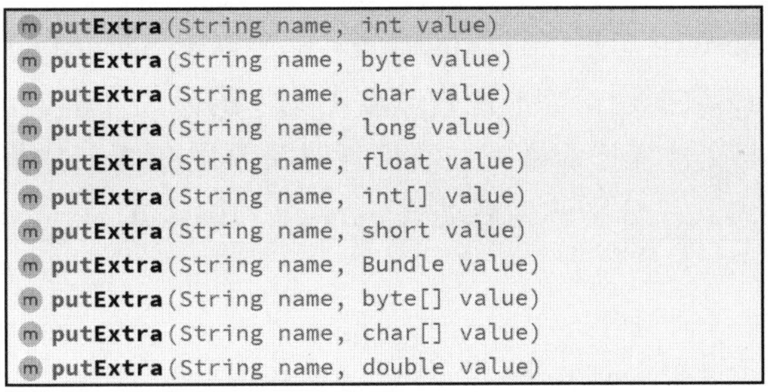

```
m putExtra(String name, int value)
m putExtra(String name, byte value)
m putExtra(String name, char value)
m putExtra(String name, long value)
m putExtra(String name, float value)
m putExtra(String name, int[] value)
m putExtra(String name, short value)
m putExtra(String name, Bundle value)
m putExtra(String name, byte[] value)
m putExtra(String name, char[] value)
m putExtra(String name, double value)
```

图 4-30　Intent 写数据方法列表

2）Intent.putExtras(Bundle bundle)

该方法使用 Bundle 类提供的 putXXX()方法，以键-值对的方式存储数据，并将 Bundle 对象通过 Intent 发送给目标组件，目标组件通过 Bundle 类提供的 getXXX()方法读取数据。Bundle 提供的写数据部分方法，如图 4-31 所示。

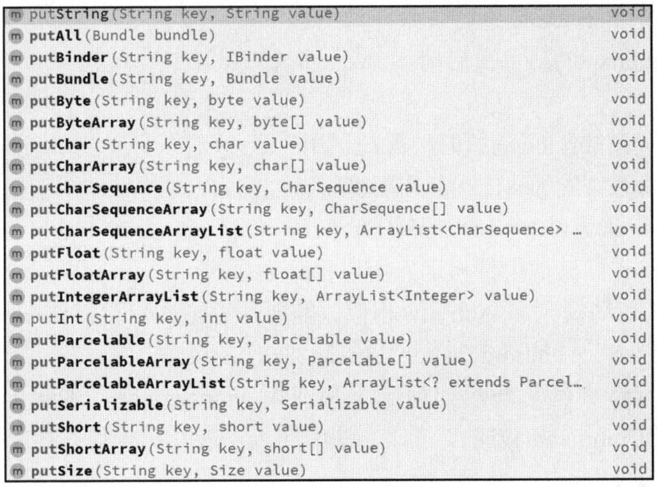

```
m putString(String key, String value)                              void
m putAll(Bundle bundle)                                            void
m putBinder(String key, IBinder value)                            void
m putBundle(String key, Bundle value)                             void
m putByte(String key, byte value)                                 void
m putByteArray(String key, byte[] value)                          void
m putChar(String key, char value)                                 void
m putCharArray(String key, char[] value)                          void
m putCharSequence(String key, CharSequence value)                void
m putCharSequenceArray(String key, CharSequence[] value)         void
m putCharSequenceArrayList(String key, ArrayList<CharSequence> …  void
m putFloat(String key, float value)                               void
m putFloatArray(String key, float[] value)                        void
m putIntegerArrayList(String key, ArrayList<Integer> value)      void
m putInt(String key, int value)                                   void
m putParcelable(String key, Parcelable value)                    void
m putParcelableArray(String key, Parcelable[] value)             void
m putParcelableArrayList(String key, ArrayList<? extends Parcel… void
m putSerializable(String key, Serializable value)                void
m putShort(String key, short value)                               void
m putShortArray(String key, short[] value)                        void
m putSize(String key, Size value)                                 void
```

图 4-31　Bundle 写数据部分方法列表

具体定义 Intent，并携带数据发送给目标组件的操作步骤如下。

（1）创建当前 Activity 写数据。

```
1   Intent intent = new Intent();
2   intent.setClass(MainActivity.this, DetailActivity.class);
3   intent.putExtra("username","mina");
4   intent.putExtra("password","123");
5   startActivity(intent);
```

（2）创建目标 Activity 读数据。

```
1    Intent oldIntent = getIntent();
2    String name = oldIntent.getExtras().get("username").toString();
3    String pwd = oldIntent.getExtras().get("password").toString();
```

4.3.6　Service 服务

Service（服务）是 Android 四大组件之一，它一般用于在后台完成用户指定的操作，没有用户交互界面。Service 优先级高于 Activity，不容易被 Android 系统终止，所以适合用于耗时的操作场景。在某些极端条件下，Service 被 Android 系统终止，在系统资源恢复后，Service 也将恢复运行状态，并且 Service 可用于进程间通信。基于以上 Service 的特性，在 App 功能设计时利用 Service 和 Activity 数据通信完成用户"看不见"的操作。例如，利用 Service 在后台处理上传下载，音频播放，文件操作，数据共享等耗时又不用在 App 中操作的事务。

Service 有两种启动方式，分别称为启动式 Service 和绑定式 Service，本节将详细讲解两种

视频讲解

启动方式下 Service 的操作方法。

1. 启动式服务

通过调用 startService()方法启动的 Service 称为启动式服务。这种 Service 通常是由其他组件启动，一旦启动，Service 在后台无限期运行。组件可以通过调用 stopService() 方法停止服务，Service 也可以通过调用自身的 stopSelf() 方法停止服务。

首先，启动式 Service 的生命周期，如图 4-32 所示。

（1）onCreate()：Service 创建时被系统调用。

（2）onStartCommand()：每次启动 Service 时被系统调用。

（3）onDestroy()：Service 销毁时被系统调用。

一般情况下，继承系统的 Service 类，需要重写 onCreate() 方法、onStartCommand()方法和 onDestroy()方法。

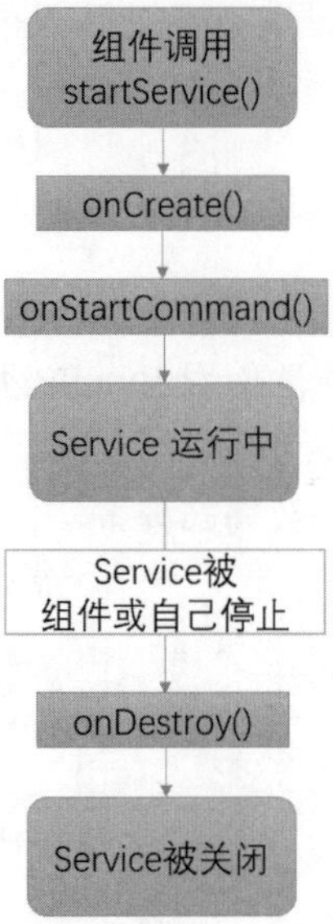

Service 通过 Intent 被其他组件启动，所以也分为显式

```
组件调用
startService()
        ↓
   onCreate()
        ↓
onStartCommand()
        ↓
  Service 运行中
        ↓
   Service被
组件或自己停止
        ↓
  onDestroy()
        ↓
  Service被关闭
```

图 4-32　启动式 Service 的生命周期

启动和隐式启动，其启动规则和 Activity 相似。需要注意隐式启动需要在 AndroidManifest.xml 中注册 Service，如<service android:name=".service.StartService"/>。

下面通过一个具体实例来演示如何定义和使用 startService。本案例中创建一个启动式 Service，重写 onStartCommand()方法，在该方法中加入一段耗时操作在控制台输出计数器计数，具体代码如下。

```
1    public class StartService extends Service {
2        public int count=0;
3        @Override
4        public void onCreate() {
5            super.onCreate();
6            Log.d("startService","onCreate");
7        }
8
9        @Override
10       public int onStartCommand(Intent intent, int flags, int startId) {
11           Log.d("startService","onStartCommand");
12           new Thread(new Runnable() {
```

```
13              @Override
14              public void run() {
15                  //耗时操作
16                  while(count<10000)
17                  {
18                      count++;
19                      Log.d("startService","计数器操作: " + count);
20                      try {
21                          Thread.sleep(500);
22                      } catch (InterruptedException e) {
23                          e.printStackTrace();
24                      }
25                  }
26              }
27          }).start();
28          return super.onStartCommand(intent, flags, startId);
29      }
30
31      @Override
32      public IBinder onBind(Intent intent) {
33          Log.d("startService","onBind");
34          return null;
35      }
36
37      @Override
38      public void onDestroy()
39      {
40          Log.d("startService","onDestroy");
41          super.onDestroy();
42      }
43  }
```

视频讲解

2. 绑定式服务

通过调用 bindService()方法建立组件与 Service 之间服务链接的启动称为绑定式服务。这种 Service 通过服务链接 Connection 或直接获取 Service 中的状态和数据信息。同一个 Service 可以绑定多个服务链接，同时为多个不同的组件提供服务。

当所有服务链接被解绑时，Service 被销毁。绑定式服务的生命周期，如图 4-33 所示。

调用 bindService()方法绑定 Service 时，当前系统会调用 ServiceConnection 接口里的 onServiceConnected()方法创建服务链接 Connection，有多个绑定，就会产生多个 Connection 链接。如果绑定过程中 Service 没有启动，则 bindService()方法会自动启动 Service。当服务的客户端被终止时，调用 onUnbind()方法解绑 Service，但是这种情况下系统并不会主动调用 ServiceConnection 接口里的 onServiceDisconnected()方法，只有在 Service 被停止或被系统回收时，才会主动调用 ServiceConnection 接口里的 onServiceDisconnected()方法。

需要注意的是，Service 和需要绑定的组件要放在同一个包内，否则将无法调用 ServiceConnection 接口中的上述方法。

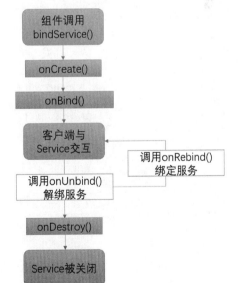

图 4-33　绑定式 Service 的生命周期

下面通过一个具体实例来演示如何定义和使用 bindService()方法，本案例中构建一个绑定式服务，在服务中创建线程做耗时操作控制台日志输出计数器计数，具体操作步骤如下。

（1）创建绑定式服务类 BindService。

```
1   public class BindService extends Service {
2       public int count=0;
3       //构建一个接口的实现类
4       public class MyBinder extends Binder{
5           public BindService getService()    //返回 Service 对象
6           {
7               return  BindService.this;
8           }
9       }
10
11      @Override
12      public void onCreate() {
13          super.onCreate();
14          Log.d("startService","onCreate");
15      }
16
17      //耗时操作方法
18      public void doCount() {
19          Log.d("bindService","onStartCommand");
20          new Thread(new Runnable() {
21              @Override
22              public void run() {
23                  //耗时操作
24                  while(count<10000)
25                  {
26                      count++;
27                      Log.d("bindService","计数器操作: " + count);
28                      try {
29                          Thread.sleep(500);
30                      } catch (InterruptedException e) {
31                          e.printStackTrace();
32                      }
33                  }
34              }
35          }).start();
36      }
37
38      @Override
39      public IBinder onBind(Intent intent) {
40          Log.d("bindService","onBind");
41          return new MyBinder();
42      }
43
44      @Override
45      public void onDestroy()
46      {
47          Log.d("bindService","onDestroy");
48          super.onDestroy();
49      }
50  }
```

（2）创建客户端 ServiceActivity 并链接服务。

```
1   public class ServiceActivity extends Activity {
2
3       BindService myService;
```

```
4       @Override
5       protected void onCreate(Bundle a) {
6           super.onCreate(a);
7           setContentView(R.layout.service_acitivity);
8           //通过显式 Intent 绑定服务
9           Intent intent = new Intent(ServiceActivity.this, BindService.class);
10          bindService(intent, new ServiceConnection() { //创建 ServiceConnection 链接对象
11
12              @Override
13              public void onServiceConnected(ComponentName name, IBinder service) {
14                  myService = ((BindService.MyBinder)service).getService();//获取服务对象
15              }
16
17
18              @Override
19              public void onServiceDisconnected(ComponentName name)
20              {
21
22              }
23          }, Context.BIND_AUTO_CREATE);
24
25          myService.doCount();                                    //调用服务提供的功能
26
27      }
28  }
```

　　启动式服务和绑定式服务的创建和启动主要区别在于，绑定式服务首先建立 Service 和调用者之间的服务链接，当调用者结束时，链接解绑，当所有链接都解绑时，服务停止。而启动式服务则由调用者直接关闭。在 App 实际开发过程中，如果有应用程序被关闭后仍然需要执行操作的场景一般使用启动式服务，而一些执行特定功能，执行周期短且在应用程序关闭后将停止的操作使用绑定式服务。

4.3.7　Broadcast 广播

视频讲解

　　广播是 Android 系统的四大组件之一，主要用于消息的传递。广播的概念来源于生活中的广播场景，在实际生活中当需要将消息发送给所有人或指定人群时，会用喇叭广播的方式将消息发出，那么关注消息的人就会实时接收到消息。在 Android 系统中，系统和应用之间以及应用和应用之间都可以用广播来传递消息。例如，电池电量低、手机锁屏、短信接收等消息都是通过系统广播发送给各个应用的。

　　从概念上可以了解到广播机制由发送者、接收者和消息 3 个要素组成，发送者和接收者之间是异步关系，也就是说发送者和接收者不需要互相等待。从设计模式上讲采用的是观察者模式，发送者和接收者分别承担了消息发布和消息订阅的角色。

　　广播的生命周期非常短，从发送者发出消息，接收者收到消息，系统就回收了该条广播以及接收者对象，这样保障了系统中大量广播室有序的一次性处理，避免了出现反复广播占用系统大量资源的情况。

1. 广播分类

　　从发送者的角度分类，广播分为系统广播和自定义广播。发送者是系统，则该广播是系统广播，发送者是 App 自己定义的，则该广播是自定义广播。不论是系统广播还是自定义广播，其广播机制完全一样。

　　常用的系统广播如表 4-7 所示，其他系统广播可以参阅 android.intent 包中的 ACTION 定义。

表 4-7　广播 ACTION 说明

广播的 ACTION	说　　明
android.intent.action.TIME_SET	系统时间被修改
android.intent.action.DATE_CHANGED	系统日期被修改
android.intent.action.BOOT_COMPLETED	系统启动完成
android.intent.action.BATTERY_CHANGED	设备电量改变
android.intent.action.BATTERY_LOW	设备电量低
android.intent.action.ACTION_POWER_CONNECTED	设备连接电源
android.intent.action.ACTION_POWER_DISCONNECTED	设备断开电源
android.provider.Telephony.SMS_RECEIVED	系统收到短信
android.intent.action.NEW_OUTGOING_CALL	拨打电话
android.intent.action.SCREEN_OFF	屏幕锁屏时触发
android.intent.action.SCREEN_ON	屏幕解锁时触发
android.intent.action.USER_PRESENT	用户重新唤醒手持设备
android.intent.action.TIME_CHANGED	系统时间被改变
android.intent.action.TIMEZONE_CHANGED	系统时区被改变
android.intent.action.PACKAGE_ADDED	系统添加包
android.intent.action.PACKAGE_CHANGED	系统的包改变
android.intent.action.PACKAGE_REMOVED	系统的包被删除
android.intent.action.PACKAGE_RESTARTED	系统的包被重启
android.intent.action.PACKAGE_DATA_CLEARED	系统的包数据被清空
android.intent.action.SHUTDOWN	系统被关闭

从广播的处理流程角度分类，广播分为无序广播、有序广播和黏滞广播。通常情况下使用的是无序广播。

（1）无序广播：发送者发送后，接收者同时接收到该广播，而且接收者不能中断其继续传递。

（2）有序广播：发送者发送后，接收者按优先级依次接收执行，同时接收者可以在任意时候结束广播传递。

（3）黏滞广播：和无序广播相似。区别在于无序广播的接收者如果是在广播发出后才注册，则不能收到该广播。黏滞广播则是会将该广播保存下来，一旦有广播接收者，则立即接收到该广播。

2. 收发广播

发送广播需要定义 Intent，通过 setAction()方法和 putExtra()方法携带发送的广播消息和数据。不同广播类型调用不同的系统方法发送广播。

（1）无序广播：通过 Context.sendBroadcast()方法发送广播。

（2）有序广播：通过 Context.sendOrderedBroadcast()方法发送广播。

（3）黏滞广播：通过 Context.sendStrickBroadcast()方法发送广播，同时需要在 AndroidManifest.xml 中声明权限。

```
<uses-permission android:name="android.permission.BROADCAST_STICKY"/>
```

接收者需要在接收广播前先注册自己是广播接收者 BroadcastReceiver，并设置 action 属性和发送者设置的 action 一致。注册方式分为静态注册和动态注册。

静态注册需要在 AndroidManifest.xml 中使用<receiver>标签注册，通过 intent-filter 设置

action 属性。

　　动态注册需要构建 BroadcastReceiver 的实例化对象，并通过 IntentFilter 对象设置 action 属性。调用系统的 registerReceiver()方法注册 BroadcastReceiver 对象。

　　下面通过创建一个简单案例来演示如何通过广播发送信息和接收信息。在本案例中，在 BroadcastActivity 中发送广播 BC_ACTION，MainActivity 中接收该广播，并通过 Log 输出广播携带的数据，具体步骤如下。

　　（1）创建 BroadCastAcitivty，在 button 单击事件中发送广播。

```
1   public class BroadCastActivity extends Activity {
2
3       Button btn;
4       MyBroadCastReceiver myBroadCastReceiver;
5
6       @Override
7       public void onCreate(Bundle save)
8       {
9           super.onCreate(save);
10          setContentView(R.layout.activity_broadcast);
11          btn = (Button)findViewById(R.id.sendBC);
12
13          btn.setOnClickListener(new View.OnClickListener() {
14              @Override
15              public void onClick(View v) {
16                  Intent myIntent=new Intent();
17                  myIntent.setAction("BC_ACTION");
18                  myIntent.putExtra("BroadCastMesage", "发送内容: 123456; ");
19                  sendBroadcast(myIntent);
20
21              }
22          });
23
24      }
25      @Override
26      protected void onDestroy()
27      {
28          super.onDestroy();
29      }
30  }
```

　　（2）将 MainActivity 注册为广播接收者，并在收到广播后重写 onReceive()方法，打印广播内容。

```
1   public class MainActivity extends Activity {
2   @Override
3   protected void onCreate(Bundle savedInstanceState) {
4       super.onCreate(savedInstanceState);
5       setContentView(R.layout.activity_main);
6
7   //动态注册BC_ACTION广播接收者
8   myBroadCastReceiver = new MyBroadCastReceiver();
9   IntentFilter intentFilter = new IntentFilter();
10  intentFilter.addAction("BC_ACTION");
11  registerReceiver(myBroadCastReceiver, intentFilter);
12
13  }
14
15  @Override
16  public void onDestroy()
```

```
17    {
18        super.onDestroy();
19    //取消注册广播接收
20         unregisterReceiver(myBroadCastReceiver);
21       }
22
23    public class MyBroadCastReceiver extends BroadcastReceiver {
24       @Override
25       public void onReceive(Context context, Intent intent) {
26           Log.d("MyBroadCastReceiver","message:" +
27               intent.getStringExtra("BroadCastMesage"));
28           Toast t = Toast.makeText(context,"动态广播: "+
29                   intent.getStringExtra("BroadCastMesage"),
30                       Toast.LENGTH_SHORT);
31           t.setGravity(Gravity.TOP,0,0);
32           t.show();
33          }
34       }
```

4.3.8 多媒体

当前多媒体技术被广泛用于各类 App 开发中，图形绘制、拍照、视频播放成为手机应用不可或缺的功能，Android 系统中多媒体能力也越来越强大。本节将对 Android 中的图形 2D 绘制、音频、视频播放、摄像头拍照等多媒体技术应用进行详细讲解。

1. 2D 绘制

Android SDK 提供了多种处理图形图像的工具类以完成图形图像 2D 操作，这些工具包括 Canvas（画布）、Paint（画笔）、Bitmap（位图）等。最常用到的就是在一个 View 上画一些图片、形状或者自定义的文本内容，通常使用 Canvas 来实现。可以获取 View 中的 Canvas 对象，绘制一些图形文字，然后调用 View.Invalidate()方法让 View 重新刷新，这样达到 2D 绘制效果。下面就主要来了解下 Canvas、Paint 和 Bitmap。

Canvas 是 Android 系统中绘制图形的主要工具类，其常见方法包含画点、画线、画区域、画图、画文字等，具体可参阅 Android 开发手册，这里就不一一说明。Canvas 绘制过程首先要获取 Canvas 对象。Canvas 对象的获取方式通过创建 View 的子类，重写 View.onDraw()方法，View 中的 Canvas 对象会被当作参数传递过来，操作这个 Canvas，效果会直接反映在 View 中。

Paint 是画笔类，用来描述颜色和风格，如线条宽度、颜色、填充模式等信息，Paint 对象直接构造生成，包含的方法如表 4-8 所示。

表 4-8　Paint 主要方法

方 法 名 称	含　义
setARGB()	用于设置颜色，各参数值均为 0～255，分别用于表示透明色值、红色值、绿色值和蓝色值
setColor()	用于设置颜色，参数可以通过 Color 类提供的方法构造值
setAlpha()	用于设置 Alpha 透明色值，值为 0～255 的整数
setAntiAlias()	用于指定是否使用抗锯齿功能，如果使用绘制速度会降低
setDither()	用于指定是否使用图像抖动处理，如果使用图像颜色会更加清晰平滑
setPathEffect()	用于设置绘制路径时的路径效果
setShader()	用于设置渐变
setShadowLayer()	用于设置阴影

方 法 名 称	含　　义
setStrokeCap()	用于设置画笔的图形样式，仅当填充模式为 STROKE 或 FILL_AND_STROKE 时
setStrokeJoin()	用于设置画笔转弯处的连接风格
setStrokeWidth()	用于设置画笔宽
setStyle()	用于设置填充模式
setTextAlign()	用于设置文本绘制时的文字对齐方式
setTextSize()	用于设置文本绘制时的文字大小
setFakeBoldText()	用于设置文字粗体
setXfermode()	用于设置图像重叠时效果

Bitmap 是位图类，它是一张图片在内存中存储的格式，包含了图片的宽、高、每个像素的颜色信息等。可以将项目中的图片资源文件通过 Bitmap 对象转换成内存数据，也可以直接生成一个 Bitmap 对象传递给 Canvas，用 Canvas 类在位图上绘制 2D 图形、文字，并对 Bitmap 进行旋转、放大缩小和剪切等操作。Bitmap 对象通过 createBitmap()方法获取。例如，Bitmap b = Bitmap.createBitmap(100, 100, Bitmap.Config.ARGB_8888)，这行代码创建了一个尺寸是 100×100 的 Bitmap，可以将 Bitmap 对象作为 Canvas 操作的对象显示在界面上。例如，Canvas canvas = new Canvas(); Canvas.setBitmap(b)。

下面通过创建一个简单案例来讲解如何使用 2D 在界面上进行绘制。本案例中通过创建一个 View 的子类 myView，重写 View 的 onDraw()方法，实现在 View 上显示一个黄色区域及本地 SDCard 上的一张图片。

```
1   public class MediaActivity extends AppCompatActivity {
2
3       @Override
4       protected  void onCreate(Bundle savedInstanceState)
5       {
6           super.onCreate(savedInstanceState);
7           setContentView(new myView(this));
8       }
9
10      class myView extends View{
11          Bitmap bitmap;
12          Paint paint;
13          String path = "/sdcard/Pictures/he.jpg";
14          public myView(Context context)
15          {
16              super(context);
17              //定义一个画笔对象，设置笔颜色为黄色，线宽为3dp，带深灰色阴影
18              paint = new Paint();
19              paint.setColor(Color.YELLOW);
20              paint.setStrokeWidth(3);
21              paint.setShadowLayer(2,3,3,Color.rgb(100,100,100));
22              //解码本地SDCard上图片文件
23              bitmap = BitmapFactory.decodeFile(path);
24
25          }
26          @Override
27          protected void onDraw(Canvas canvas)
28          {
29              super.onDraw(canvas);
30  //canvas绘制长200、宽200的矩形区域
31              canvas.drawRect(new Rect(0,0,200,200),paint);
```

```
32    //canvas 在指定区域绘制位图
33            canvas.drawBitmap(bitmap, null,
34                         new Rect(200,200,600,800), paint);
35        }
36
37    }
38 }
```

以上代码正常运行后，界面显示效果，如图 4-34 所示。

图 4-34   2D 绘制运行结果

视频讲解

2．播放音频

Android 提供了支持多种音频格式播放的工具类方法，方便用户操作音频文件，这些工具类方法在 android.media 包中。MediaPlayer 类负责播放音频，下面对如何使用 MediaPlayer 类播放音频进行详细讲解。

MediaPlayer 是 Android 系统提供的多媒体工具类，该类提供了许多方法控制音频播放状态，如播放、暂停，停止等，其常用的方法及其说明，如表 4-9 所示。

表 4-9   MediaPlayer 常用方法说明

方 法 名 称	含　义	方 法 名 称	含　义
create()	创建多媒体播放器	reset()	还原 MediaPlayer 对象
start()	开始播放	getCurrentPostion()	获得当前播放位置
stop()	停止播放	getDurating()	获得播放时间
pause()	暂停播放	isPlaying()	是否正在播放

下面通过一个简单案例来说明如何通过创建 MediaPlayer 对象加载要播放的音频文件，以及音频文件的播放、暂停、停止和播放进度控制。

```
1  public class MediaActivity extends AppCompatActivity {
2       ImageView playIv, pauseIv, stopIv;
3       SeekBar progressSb;
4       MediaPlayer mediaPlayer ;
5       VideoView video;
6       String audioPath;
7       Boolean isPause=false, isStop=false;
```

```
8        @Override
9        protected void onCreate(Bundle savedInstanceState)
10       {
11           super.onCreate(savedInstanceState);
12           setContentView(R.layout.media_activity);
13           FrameLayout fl = findViewById(R.id.draw2d);
14           fl.addView(new myView(this));
15
16           playIv = findViewById(R.id.play);
17           pauseIv = findViewById(R.id.pause);
18           stopIv = findViewById(R.id.stop);
19           progressSb = findViewById(R.id.progress);
20
21           initListener();
22           initAudio();
23
24       }
25   @Override
26   protected void onDestroy() {
27       super.onDestroy();
28       if(mediaPlayer.isPlaying())
29           mediaPlayer.stop();
30       mediaPlayer.release();
31   }
32
33   private void initAudio()
34   {
35       //创建播放音乐 MediaPlayer 对象
36       mediaPlayer = new MediaPlayer();
37       audioPath =
38   Environment.getExternalStoragePublicDirectory(Environment.DIRECTORY_MUSIC) + "/5.mp3";
39       try {
40           //设置播放的音频文件路径
41           mediaPlayer.setDataSource(audioPath);
42       } catch (IOException e) {
43           e.printStackTrace();
44       }
45   }
46   private void progress()
47   {
48       //播放音频过程中更新进度条
49       Handler handler = new Handler(){
50           @Override
51           public void handleMessage(Message msg) {
52               //每隔1秒查询一次进度, 并更新到 SeekBar 上
53               Log.d("minafang","progress: " + mediaPlayer.getCurrentPosition() +",
54                   durating: " + mediaPlayer.getDuration());
55
56   progressSb.setProgress(
57   mediaPlayer.getCurrentPosition()*100/mediaPlayer.getDuration());
58               Message message = new Message();
59               message.what = 30000;
60               sendMessageDelayed(message, 1000);
61           }
62
63       };
64       Message message = new Message();
65       message.what = 30000;
66       handler.sendMessageDelayed(message, 1000);
67   }
68
69   private void initListener()
```

```
70   {
71       //注册 play 按钮、pause 按钮、stop 按钮的单击事件，操作音频播放
72       playIv.setOnClickListener(new View.OnClickListener() {
73           @Override
74           public void onClick(View v) {
75               if(!mediaPlayer.isPlaying()) {
76                   if(!isPause) {
77                       try {
78                           mediaPlayer.prepare();
79                           progressSb.setProgress(0);
80                           progressSb.setMax(100);
81                       } catch (IOException e) {
82                           e.printStackTrace();
83                       }
84                   }
85                   mediaPlayer.start();
86                   isStop = false;
87                   progress();
88               }
89           }
90       });
91
92       pauseIv.setOnClickListener(new View.OnClickListener() {
93           @Override
94           public void onClick(View v) {
95               if(mediaPlayer.isPlaying()) {
96                   mediaPlayer.pause();
97                   isPause = true;
98               }
99               else {
100                  if(!isStop)
101                   mediaPlayer.start();
102              }
103          }
104      });
105
106      stopIv.setOnClickListener(new View.OnClickListener() {
107          @Override
108          public void onClick(View v) {
109              isPause = false;
110              mediaPlayer.stop();
111              isStop = true;
112          }
113      });
114      progressSb.setOnSeekBarChangeListener(new SeekBar.OnSeekBarChangeListener() {
115          @Override
116          public void onProgressChanged(SeekBar seekBar,
117  int progress, boolean fromUser) {
118
119          }
120          @Override
121          public void onStartTrackingTouch(SeekBar seekBar) {
122
123          }
124          @Override
125          public void onStopTrackingTouch(SeekBar seekBar) {
126
127          }
128      });
129  }
```

以上代码正常运行后，界面效果如图 4-35 所示。

视 频 讲 解

3．播放视频

Android 系统提供了 VideoView 组件用于播放视频文件，VideoView 是 SurfaceView 的子类，使用时直接在布局文件中创建 VideoView 组件即可。在处理视频文件播放时，Android 还提供了 MediaController 组件在界面上控制视频的播放、暂停、前进后退及播放进度控制等操作。VideoView 编程非常简单，故常被用于对视频播放要求低的场景中，如果在对播放器 UI 界面效果要求较高时，推荐使用 SurfaceView 和 MediaPlayer 的方式实现。在本节中，主要讲解 VideoView 的实现方式。

下面通过一个简单案例来说明如何通过创建 VideoView 对象播放本地或网络视频文件。

（1）在布局文件 XML 中，加入 VideoView 组件。

```
1  <VideoView
2      android:layout_width="match_parent"
3      android:layout_height="match_parent"
4      android:id="@+id/playvideo"/>
```

（2）在 Activity java 文件中封装私有方法 initVideo()，设置 mediaController 和 video 文件的路径。本案例中使用的是网络视频，如果需要播放本地视频文件，可通过 File 类找到文件绝对路径。在操作本地目录前，需要在 AndroidManifest.xml 文件中申请相关权限。初始化 video 方法的关键代码如下。

```
1  private void initVideo()
2      {
3       MediaController mediaController = new MediaController(this);
4          video.setMediaController(mediaController);
5          String url = "http://vfx.mtime.cn/Video/2019/02/04/mp4/190204084208765161.mp4";
6          video.setVideoPath(url);
7          video.start();
8      }
```

以上代码正常运行后，界面效果如图 4-36 所示。

图 4-35　音频播放组件运行效果

图 4-36　视频播放组件运行效果

4. 摄像头拍照

Android 系统自带 Camera 组件完成摄像头拍照。Camera 类在 andoid.hardware 包中，提供了取景和拍摄两大功能，其中取景功能需要 SurfaceView 组件支持。需要注意的是，Camera 的使用需要申请权限，Android 6.0 以下在 AndroidManifest.xml 申请权限，6.0 及以上版本需要在代码中动态申请权限。静态申请权限的关键代码如下。

```
1    <uses-permission android:name="android.permission.CAMERA"/>
2    <uses-feature android:name="android.hardware.camera.autofocus"/>
3    <uses-feature android:name="android.hardware.camera" />
```

Camera 类的主要方法如表 4-10 所示。

表 4-10　Camera 类的主要方法

方 法 名 称	含　义
open()	打开摄像头
release()	释放摄像头相关资源
startPreview()	开始预览画面
takePicture()	启动拍照
stopPreview()	结束预览
setParameters()	设置摄像头拍照参数，具体参数可以查阅 Android 开发手册
getParameters()	获取摄像头参数

下面通过一个简单的拍照案例来说明摄像头拍照功能实现步骤。

（1）创建 Activity 及页面排版布局，设定取景区，拍照按钮和照片预览。

```
1    <?xml version="1.0" encoding="utf-8"?>
2    <LinearLayout
3        xmlns:android="http://schemas.android.com/apk/res/android"
4        android:layout_width="match_parent"
5        android:layout_height="match_parent"
6        android:orientation="vertical">
7        <FrameLayout
8            android:layout_width="match_parent"
9            android:layout_height="300dp">
10           <TextView
11               android:layout_width="wrap_content"
12               android:layout_height="wrap_content"
13               android:text="取景"
14               android:textColor="@color/btn_bg"
15               android:textSize="32sp"/>
16           <SurfaceView
17               android:layout_width="match_parent"
18               android:layout_height="match_parent"
19               android:id="@+id/surface"/>
20       </FrameLayout>
21
22       <Button
23           android:layout_width="match_parent"
24           android:layout_height="wrap_content"
25           android:layout_gravity="center"
26           android:textSize="20sp"
27           android:id="@+id/takephoto"
28           android:text="拍照"/>
29       <FrameLayout
30           android:layout_width="match_parent"
31           android:layout_height="match_parent">
32           <TextView
```

```
33                android:layout_width="wrap_content"
34                android:layout_height="wrap_content"
35                android:text="照片"
36                android:textColor="@color/btn_bg"
37                android:textSize="32sp"/>
38            <ImageView
39                android:layout_width="match_parent"
40                android:layout_height="wrap_content"
41                android:id="@+id/showpic"/>
42        </FrameLayout>
43    </LinearLayout>
```

（2）初始化 SurfaceView，用于拍照取景。

```
1    private void initUI()
2    {
3        //初始化 surfaceview 和 surfaceHolder，设置 holder 回调
4        surfaceView = findViewById(R.id.surface);
5        takePicBtn = findViewById(R.id.takephoto);
6        showIv = findViewById(R.id.showpic);
7        surfaceHolder = surfaceView.getHolder();
8        surfaceHolder.addCallback(new SurfaceHolder.Callback() {
9            @Override
10            public void surfaceCreated(SurfaceHolder holder) {
11                //获得焦点后，初始化摄像头
12                initCamera();
13            }
14
15            @Override
16            public void surfaceChanged(SurfaceHolder holder, int format, int width, int
height) {
17            }
18
19            @Override
20            public void surfaceDestroyed(SurfaceHolder holder) {
21                if (camera != null) {
22                    //surfaceView 销毁时释放 camera 对象资源
23                    camera.stopPreview();
24                    camera.release();
25                }
26            }
27        });
28
29        //注册按钮单击事件完成拍照
30        takePicBtn.setOnClickListener(new View.OnClickListener() {
31            @Override
32            public void onClick(View v) {
33                if(camera != null)
34                    camera.autoFocus(new Camera.AutoFocusCallback() {
35                        @Override
36                        public void onAutoFocus(boolean success,
37                                                        Camera camera) {
38                            if(success)
39                            {
40                                //对焦回调成功后拍照
41                                camera.takePicture(
42                                new Camera.ShutterCallback() {
43                                    @Override
44                                    public void onShutter() { }
45                                }, new Camera.PictureCallback() {
46                                    @Override
47                                    public void onPictureTaken(byte[] data, Camera camera){ }
```

```
48                      }, new Camera.PictureCallback() {
49                          @Override
50                          public void onPictureTaken(byte[] data, Camera camera)
51  {
52                              //拍照成功回调显示该照片
53                              showPic(data);
54                          }
55                      });
56                  }
57              }
58          });
59      }
60  });
61  }
```

（3）初始化 Camera，设置摄像头参数。

```
1   private void initCamera()
2   {
3       camera = Camera.open();
4       camera.setDisplayOrientation(90);              //摄像头进行旋转 90°
5       if(camera != null) {
6           try {
7               int w = surfaceView.getWidth();
8               int h = surfaceView.getHeight();
9               Camera.Parameters parameters = camera.getParameters();
10              parameters.setPreviewFpsRange(w, h);
11              //设置相机预览照片帧数
12              parameters.setPreviewFpsRange(4, 10);
13              //设置图片格式
14              parameters.setPictureFormat(ImageFormat.JPEG);
15              parameters.set("jpeg-quality", 90);
16              parameters.setPictureSize(w, h);       //设置照片的大小
17              //通过 SurfaceView 显示预览
18              camera.setPreviewDisplay(surfaceHolder);
19              camera.startPreview();                 //开始预览
20
21          } catch (Exception e) {
22              e.printStackTrace();
23          }
24      }
25  }
```

（4）拍照并保存数据显示在照片预览区内。

```
1   private void showPic(byte[] data)
2   {
3       final Bitmap resource = BitmapFactory.decodeByteArray(data, 0, data.length);
4       if (resource == null) {
5           Toast.makeText(CameraActivity.this, "拍照失败", Toast.LENGTH_SHORT).show();
6       }
7       final Matrix matrix = new Matrix();
8       matrix.setRotate(90);
9       try {
10          final Bitmap bitmap = Bitmap.createBitmap(resource, 0, 0, resource.getWidth(),
    resource.getHeight(), matrix, true);
11          if (camera != null && bitmap != null && showIv != null) {
12              camera.stopPreview();
13              Toast.makeText(CameraActivity.this, "拍照", Toast.LENGTH_SHORT).show();
14              showIv.setImageBitmap(bitmap);
15          }
16      }
17      catch (Exception e)
```

```
18        {
19            e.printStackTrace();
20        }
```

以上代码正常运行效果如图 4-37 所示。

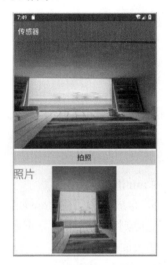

图 4-37　拍照组件运行效果

4.4　项　目　实　战

4.4.1　项目包结构

在编写代码前通过项目架构设计，确定项目中使用的知识点，并创建出相应的包路径。例如，页面是用 Activiy 还是 Fragment 实现；如果有多个共性 Fragment，是否需要抽象出父类等。规范化设计整体架构，在编码前做技术可行性分析，可以避免走弯路，走错路。"小黑日记"项目的包结构，如图 4-38 所示。

图 4-38　项目的包结构图

视频讲解

4.4.2 登录模块

1. 知识点

（1）SharedPreferences 存储技术。

（2）Activity 数据传递。

2. 任务要求

（1）制作登录页 UI 布局。

（2）SharedPreferences 保存用户名和密码。

（3）输入账号的本地校验。

3. 操作流程

（1）创建新项目，项目名称为 miniNote。

（2）准备项目需要的图片资源，存放到项目的 drawable 和 mipmap 文件夹中，在存放时需要注意根据 Android 图片分辨率适配原则存放在不同分辨率目录下。

（3）根据 UI 设计实现登录模块页面的排版布局。在 res\layout 目录下打开 activity_main.xml 文件，将其默认布局修改为线性布局，然后添加相关组件，用于完成登录页面的图片、文字的显示及账号信息的录入和登录。布局内容可以有多种实现方式，只要达到最终 UI 效果即可。完成后的组件结构图和登录界面 UI 效果图，如图 4-39 所示。

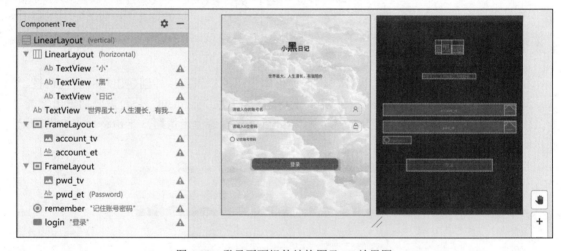

图 4-39　登录页面组件结构图及 UI 效果图

（4）修改编辑框组件的背景样式，实现圆角背景。右击项目 res\drawable 文件夹，在弹出的快捷菜单中选择 New→Drawable Resource File 命令，新建 edit.xml 文件，在该文件中实现 shape 属性，并在登录页面的布局文件中找到编辑框组件，将编辑框组件的 background 属性设置为 @drawable/ edit，具体代码如下。

```
1   <?xml version="1.0" encoding="utf-8"?>
2   <shape xmlns:android="http://schemas.android.com/apk/res/android">
3       <stroke
4           android:width="1dp"
5           android:color="#c3c3c3" />
6       <solid android:color="@android:color/transparent" />
7       <corners android:radius="16dp" />
```

```
8    </shape>
9    <EditText
10           android:id="@+id/account_et"
11           android:layout_width="match_parent"
12           android:layout_height="48dp"
13           android:textSize="16sp"
14           android:textColor="#535353"
15           android:textColorHint="#535353"
16           android:background="@drawable/edit"
17           android:drawableRight="@drawable/user"
18           android:paddingLeft="16dp"
19           android:hint="请输入你的账号名"/>
```

（5）分别设置其他组件的文字颜色、间距等属性，最终完成布局，完整代码如下。

```
1    <?xml version="1.0" encoding="utf-8"?>
2    <LinearLayout xmlns:android="http://schemas.android.com/apk/res/android"
3        xmlns:app="http://schemas.android.com/apk/res-auto"
4        xmlns:tools="http://schemas.android.com/tools"
5        android:layout_width="match_parent"
6        android:layout_height="match_parent"
7        android:orientation="vertical"
8        android:background="@drawable/bg3"
9        tools:context=".MainActivity">
10       <LinearLayout
11           android:layout_width="wrap_content"
12           android:layout_height="wrap_content"
13           android:orientation="horizontal"
14           android:layout_gravity="center"
15           android:layout_marginTop="100dp"
16           android:layout_marginBottom="80dp">
17           <TextView
18               android:layout_width="wrap_content"
19               android:layout_height="wrap_content"
20               android:text="小"
21               android:textStyle="bold"
22               android:textSize="24sp"
23               android:textColor="#535353"
24               />
25           <TextView
26               android:layout_width="wrap_content"
27               android:layout_height="wrap_content"
28               android:text="黑"
29               android:textStyle="bold"
30               android:textSize="42sp"
31               android:textColor="#535353"
32               />
33           <TextView
34               android:layout_width="wrap_content"
35               android:layout_height="wrap_content"
36               android:text="日记"
37               android:textStyle="bold"
38               android:textSize="24sp"
39               android:textColor="#535353"
40               />
41       </LinearLayout>
42       <TextView
43           android:layout_width="wrap_content"
44           android:layout_height="wrap_content"
45           android:text="世界虽大，人生漫长，有我陪你"
46           android:layout_gravity="center_horizontal"
```

```
47          android:textSize="16sp"
48          android:textColor="#535353"
49          android:layout_marginBottom="100dp"/>
50      <FrameLayout
51          android:layout_width="match_parent"
52          android:layout_height="wrap_content"
53          android:layout_marginLeft="30dp"
54          android:layout_marginRight="30dp"
55          android:layout_marginBottom="20dp"
56          >
57          <EditText
58              android:id="@+id/account_et"
59              android:layout_width="match_parent"
60              android:layout_height="48dp"
61              android:textSize="16sp"
62              android:textColor="#535353"
63              android:textColorHint="#535353"
64              android:background="@drawable/edit"
65              android:drawableRight="@drawable/user"
66              android:paddingLeft="16dp"
67              android:hint="请输入你的账号名"/>
68      </FrameLayout>
69      <FrameLayout
70          android:layout_width="match_parent"
71          android:layout_height="wrap_content"
72          android:layout_marginLeft="30dp"
73          android:layout_marginRight="30dp"
74          >
75          <EditText
76              android:id="@+id/pwd_et"
77              android:layout_width="match_parent"
78              android:layout_height="48dp"
79              android:textSize="16sp"
80              android:textColor="#535353"
81              android:textColorHint="#535353"
82              android:background="@drawable/edit"
83              android:drawableEnd="@drawable/pwd"
84              android:inputType="textPassword"
85              android:paddingLeft="16dp"
86              android:hint="请输入 6 位密码"/>
87      </FrameLayout>
88      <RadioButton
89          android:id="@+id/remember"
90          android:layout_width="wrap_content"
91          android:layout_height="wrap_content"
92          android:layout_marginLeft="30dp"
93          android:layout_marginTop="12dp"
94          android:layout_gravity="left"
95          android:textColor="#535353"
96          android:text="记住账号密码"
97          android:checked="false"
98          />
99      <Button
100         android:layout_width="360dp"
101         android:layout_height="wrap_content"
102         android:id="@+id/login"
103         android:textSize="20sp"
104         android:layout_marginTop="60dp"
105         android:layout_gravity="center"
106         android:background="@drawable/button"
```

```
107            android:textColor="#ffffff"
108            android:text="登录"/>
109
110  </LinearLayout>
```

（6）打开 Java 目录下 MainActivity.java 文件，在 onCreate()方法中获取 SharedPreferences 中账号信息，如果有则填入界面中用户名和密码编辑框中，否则获取用户输入的用户名和密码数据，保存到相应变量中，然后判断信息有效性及单选组件是否选中。如果选中了保存密码，需要将用户名和密码编辑框中的信息保存到 SharedPreferences 文件。需要注意的是，因为 MainActivity 是本项目启动的第一个页面，如果有需要申请的权限可以统一在 MainActivity 启动时申请，具体代码如下。

```
1    package com.minafang.mininote;
2
3    import android.Manifest;
4    import android.app.AlertDialog;
5    import android.content.Intent;
6    import android.content.SharedPreferences;
7    import android.content.pm.PackageManager;
8    import android.os.Bundle;
9    import android.os.Environment;
10
11   import android.support.v4.app.ActivityCompat;
12   import android.support.v7.app.AppCompatActivity;
13   import android.text.TextUtils;
14   import android.util.Log;
15   import android.view.View;
16   import android.widget.Button;
17   import android.widget.EditText;
18   import android.widget.RadioButton;
19
20   import java.io.File;
21
22   public class MainActivity extends AppCompatActivity {
23       //保存用户账号信息 XML 文件
24       private String MY_SHARE_PREFERENCE  = "minafangSP";
25       EditText et1, et2;                    //用户名和密码编辑框
26       Button btn;                           //登录按钮
27       RadioButton rb;                       //记住密码选择框
28
29       String TAG = "MainActivity";
30       AlertDialog.Builder builder;
31
32       //本项目需要的所有权限，App 打开时申请权限
33       private final static String[] PERMISSIONS = {
34               Manifest.permission.READ_EXTERNAL_STORAGE,
35               Manifest.permission.WRITE_EXTERNAL_STORAGE,
36               Manifest.permission.MOUNT_FORMAT_FILESYSTEMS,
37               Manifest.permission.MOUNT_UNMOUNT_FILESYSTEMS,
38               Manifest.permission.INTERNET,
39               Manifest.permission.CAMERA
40       };
41
42       @Override
43       protected void onCreate(Bundle savedInstanceState) {
44           super.onCreate(savedInstanceState);
45
46           setContentView(R.layout.activity_main);
47           //获取用户名编辑框对象
```

```
48          et1 = (EditText)findViewById(R.id.account_et);
49          //获取密码编辑框对象
50          et2 = (EditText)findViewById(R.id.pwd_et);
51          //获取登录按钮对象
52          btn = (Button)findViewById(R.id.login);
53          //获取是否保存密码选择框对象
54          rb = (RadioButton) findViewById(R.id.remember);
55
56          Log.d(TAG,"onCreate");
57
58          //SharedPreferences xml 中如果有用户和密码，并且选择框选择的是保存密码，则回填到编辑框中
59          //获取 SharedPreferences 对象，设置权限为 App 读写
60          SharedPreferences sp = getSharedPreferences(MY_SHARE_PREFERENCE, MODE_PRIVATE);
//获得私有类型的 SharedPreferences
61  //从 sp 中获得用户名保存到变量 username 中，如果 sp 中无 key，则返回 null
62          String username = sp.getString("username", null);
63  //从 sp 中获得密码保存到变量 password 中，如果 sp 中无 key，则返回 null
64          final String password = sp.getString("password", null);
65
66          if(rb.isChecked()) {
67              //用户名和密码不能为 null
68              if (!TextUtils.isEmpty(username) && !TextUtils.isEmpty(password)) {
69                  //sp 中读取的 username 回填到用户名编辑框
70                  et1.setText(username);
71                  //sp 中读取的 password 回填到密码编辑框
72                  et2.setText(password);
73              }
74          }
75          //注册登录按钮单击事件
76          btn.setOnClickListener(new View.OnClickListener() {
77              @Override
78              //重写 onclick()方法，本地校验账号信息
79              public void onClick(View v) {
80
81                  //编辑框中取出用户名和密码保存到变量中
82                  String account = et1.getText().toString();
83                  String pwd = et2.getText().toString();
84                  //输入密码为空，提示重新输入
85                  if (TextUtils.isEmpty(pwd))
86                  {
87                      showDialog("提示","请输入密码");
88                  }
89                  //用户在编辑框内容输入信息与保存在本地的信息一致，则校验通过；否则，弹出对话框提示
内容：密码错误，请重新输入
90                  else if(!pwd.equals(password) && !TextUtils.isEmpty(password))
91                  {
92                      showDialog("提示","密码错误，请重新输入");
93                  }
94                  else
95                  {
96                      if(rb.isChecked()){
97                          SharedPreferences sp = getSharedPreferences(MY_SHARE
PREFERENCE, MODE_PRIVATE);//获得私有类型的 SharedPreferences
98                          SharedPreferences.Editor editor = sp.edit();   //获得 Editor 对象
99                          editor.putString("username", account);          //增加用户名
100                         editor.putString("password", pwd);              //增加密码
101                         editor.commit();                                //确认提交
102
103                     }
104                     //采用显式方式启动首页 Activity
```

```
105                    Intent intent = new Intent(MainActivity.this, HomeActivity.class);
106                    //设定 Activity task 独占一任务栈,用户执行返回操作时不会退回到登录页面
107                    intent.setFlags(Intent.FLAG_ACTIVITY_CLEAR_TASK|Intent.FLAG
ACTIVITY_NEW_TASK);
108                    startActivity(intent);
109                }
110
111            }
112        });
113
114        //检查权限
115        checkPermission();
116    }
117
118    private void  checkPermission()
119    {
120
121        //检查本 App 需要的所有权限,本案例中主要使用读写本地存储、拍照和网络权限,如果还需要有新权
限,则在此处继续添加判断
122        int permission = ActivityCompat.checkSelfPermission(this,
123            Manifest.permission.WRITE_EXTERNAL_STORAGE);
124        int permission1 = ActivityCompat.checkSelfPermission(this,
125            Manifest.permission.CAMERA);
126        int permission2 = ActivityCompat.checkSelfPermission(this,
127            Manifest.permission.INTERNET);
128
129        if (permission != PackageManager.PERMISSION_GRANTED ||
130            permission1 != PackageManager.PERMISSION_GRANTED||
131            permission2 != PackageManager.PERMISSION_GRANTED) {
132            //如果没有权限,需要弹框提示用户在手机系统设置中打开相关权限开关
133            ActivityCompat.requestPermissions(this,
134                PERMISSIONS, 100);
135        }
136    }
137
138
139    public void showDialog(String title, String message)
140    {
141        //构建 Android 提供的 alertDialog 弹框,提示用户信息
142        builder.setTitle(title).setMessage(message);
143        builder = new AlertDialog.Builder(MainActivity.this);
144        AlertDialog dialog = builder.show();
145    }
146
147    @Override
148    public void onRequestPermissionsResult(int requestCode,
149                                           String[] permissions,
150                                            int[] grantResults)
151    {
152        //用户在系统设置界面修改权限后,通过本回调通知到 App,用户的授权结果
153        if(requestCode == 100)
154        {
155            Log.d(TAG,"onRequestPermissionResult: " +
156                grantResults[0] + "," + grantResults[1]);
157            //用户不授权,则关闭 App
158            if(grantResults[0] == PackageManager.PERMISSION_DENIED ||
159                grantResults[1] == PackageManager.PERMISSION_DENIED || grantResults[4]
== PackageManager.PERMISSION_DENIED)
160                finish();
161            else {
```

```
162
163                  }
164              }
165          }
166
167          @Override
168          public void onPause()
169          {
170              Log.d(TAG,"onPause");
171              super.onPause();
172          }
173
174          @Override
175          public void onResume()
176          {
177              Log.d(TAG,"onResume");
178              super.onResume();
179          }
180
181          @Override
182          public void onDestroy()
183          {
184              Log.d(TAG,"onDestroy");
185              super.onDestroy();
186          }
187
188 }
```

4. 思考和拓展

用户本机有多个账号，如何使用 EditText 实现用户选择多账号登录？

视 频 讲 解

4.4.3　首页模块

1. 知识点

（1）ListView 组件。

（2）Intent。

（3）Service。

（4）文件存储。

（5）SQLite 数据库存储。

（6）JSON。

2. 任务要求

（1）制作首页模块 UI 布局。

（2）显示所有日记列表。

（3）Service 上传日记。

3. 操作流程

（1）根据 UI 设计实现登录页面排版布局。在 res\layout 目录下新建布局文件 activity_
home.xml，修改默认布局管理器为 FrameLayout 布局管理器，将文本框组件删除，添加 TextView、
ListView、ImageButton 等组件，并修改各组件的相关属性，完成后的首页组件结构图及 UI 效
果如图 4-40 所示，完整代码如下。

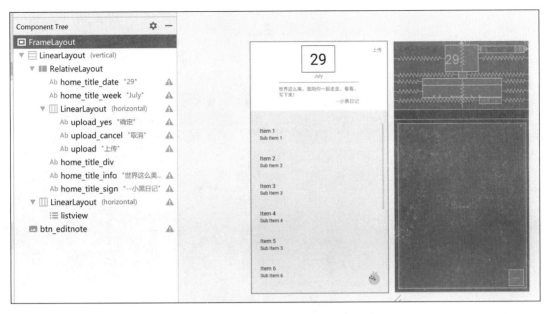

图 4-40　首页组件结构图及 UI 效果图

```
1    <FrameLayout xmlns:android="http://schemas.android.com/apk/res/android"
2        android:layout_width="fill_parent"
3        android:layout_height="fill_parent"
4        android:background="@color/bg">
5
6        <LinearLayout
7        android:layout_width="fill_parent"
8        android:layout_height="fill_parent"
9        android:orientation="vertical" >
10           <RelativeLayout
11               android:layout_width="match_parent"
12               android:layout_height="200dp"
13               android:background="@color/listItemBg"
14               android:layout_marginBottom="28dp"
15               >
16           <TextView
17               android:layout_height="wrap_content"
18               android:layout_width="100dp"
19               android:id="@+id/home_title_date"
20               android:layout_marginTop="12dp"
21               android:text="29"
22               android:gravity="center"
23               android:layout_above="@id/home_title_week"
24               android:layout_centerHorizontal="true"
25               android:textColor="#000000"
26               android:textSize="44sp"
27               android:visibility="visible"
28               android:background="@drawable/text"
29               android:layout_alignParentTop="true"
30               />
31
32           <TextView
33               android:id="@+id/home_title_week"
34               android:layout_width="wrap_content"
35               android:layout_height="wrap_content"
36               android:layout_centerInParent="true"
37               android:text="July"/>
```

```
38          <LinearLayout
39              android:layout_width="wrap_content"
40              android:layout_height="wrap_content"
41              android:layout_toRightOf="@id/home_title_date"
42              android:layout_alignParentRight="true"
43              android:layout_marginTop="16dp"
44              android:layout_marginRight="16dp"
45              android:gravity="right"
46              android:orientation="horizontal">
47          <TextView
48              android:id="@+id/upload_yes"
49              android:layout_width="wrap_content"
50              android:layout_height="wrap_content"
51              android:layout_alignParentTop="true"
52              android:visibility="gone"
53              android:layout_marginRight="16dp"
54              android:text="确定"/>
55          <TextView
56              android:id="@+id/upload_cancel"
57              android:layout_width="wrap_content"
58              android:layout_height="wrap_content"
59              android:visibility="gone"
60              android:text="取消"/>
61          <TextView
62              android:id="@+id/upload"
63              android:layout_width="wrap_content"
64              android:layout_height="wrap_content"
65              android:visibility="visible"
66              android:text="上传"/>
67          </LinearLayout>
68          <TextView
69              android:id="@+id/home_title_div"
70              android:layout_width="240dp"
71              android:layout_height="wrap_content"
72              android:background="@drawable/div"
73              android:layout_below="@id/home_title_week"
74              android:layout_centerHorizontal="true"/>
75
76          <TextView
77              android:id="@+id/home_title_info"
78              android:layout_width="240dp"
79              android:layout_height="wrap_content"
80              android:layout_below="@id/home_title_div"
81              android:text="世界这么美，我陪你一起走走、看看、写下来！"
82              android:layout_centerHorizontal="true"/>
83          <TextView
84              android:id="@+id/home_title_sign"
85              android:layout_width="wrap_content"
86              android:layout_height="wrap_content"
87              android:layout_below="@id/home_title_info"
88              android:layout_alignRight="@+id/home_title_info"
89              android:text="--小黑日记"
90              android:layout_centerHorizontal="true"/>
91      </RelativeLayout>
92
93
94      <LinearLayout
95          android:layout_width="fill_parent"
96          android:layout_height="fill_parent"
97          android:layout_weight="1">
```

```
98
99          <ListView
100             android:id="@+id/listview"
101             android:layout_margin="12dp"
102             android:layout_width="match_parent"
103             android:layout_height="match_parent"
104             android:dividerHeight="16dp"
105             android:divider="@color/bg">
106         </ListView>
107     </LinearLayout>
108
109 </LinearLayout>
110     <ImageButton
111         android:id="@+id/btn_editnote"
112         android:layout_width="45dp"
113         android:layout_height="45dp"
114         android:background="@drawable/me"
115         android:layout_gravity="right|bottom"
116         android:layout_marginBottom="20dp"
117         android:layout_marginRight="20dp"
118         />
119 </FrameLayout>
```

（2）设计 ListView 组件中每个 Item 样式。在项目 res\drawable 目录下新建 listitem.xml，实现矩形圆角 shape，设置边框和填充色等相关属性，并修改 activity_home.xml 中 listview 组件 background 属性值为@drawable/listitem。listitem.xml 具体代码如下。

```
1   <?xml version="1.0" encoding="utf-8"?>
2   <shape xmlns:android="http://schemas.android.com/apk/res/android">
3       <solid android:color="#ffffff" />
4       <corners android:radius="4dp" />
5   </shape>
6   <LinearLayout xmlns:android="http://schemas.android.com/apk/res/android"
7       android:layout_width="match_parent"
8       android:layout_height="wrap_content"
9       xmlns:app="http://schemas.android.com/apk/res-auto"
10      android:orientation="vertical"
11      android:background="@drawable/listitem"
12      android:descendantFocusability="blocksDescendants">
13      <android.support.v7.widget.CardView
14          android:layout_width="match_parent"
15          android:layout_height="wrap_content"
16          android:layout_margin="4dp"
17          app:cardCornerRadius="5dp"
18          app:cardElevation="3dp"
19          app:cardPreventCornerOverlap="false"
20          app:cardUseCompatPadding="true">
21          <LinearLayout
22              android:layout_width="match_parent"
23              android:layout_height="wrap_content"
24              android:orientation="horizontal"
25              >
26              <FrameLayout
27                  android:layout_width="64dp"
28                  android:layout_height="wrap_content"
29                  android:layout_gravity="center_vertical"
30                  >
31                  <TextView
32                      android:id="@+id/tv_date"
33                      android:layout_width="wrap_content"
```

```
34                android:layout_height="wrap_content"
35                android:layout_gravity="center"
36                android:gravity="center"
37                android:layout_weight="0.4"
38                android:textColor="@color/textColor"
39                android:text="TextView" />
40            <ImageView
41                android:id="@+id/iv_decorde"
42                android:layout_width="30dp"
43                android:layout_height="30dp"
44                android:layout_marginLeft="38dp"
45                android:background="@drawable/jiami"
46                android:visibility="invisible"
47                android:focusable="false"/>
48            <ImageView
49                android:id="@+id/tv_image"
50                android:layout_width="40dp"
51                android:layout_height="40dp"
52                android:background="@drawable/dial"
53                android:visibility="gone"
54                android:layout_marginTop="14dp"
55                android:scaleType="fitCenter"
56                android:layout_gravity="center_horizontal"/>
57
58        </FrameLayout>
59        <View
60                android:layout_width="1dp"
61                android:layout_height="match_parent"
62                android:layout_marginRight="4dp"
63                android:layout_marginLeft="4dp"
64                android:layout_marginTop="18dp"
65                android:layout_marginBottom="18dp"
66                android:background="@color/divColor" />
67        <FrameLayout
68            android:layout_width="match_parent"
69            android:layout_height="wrap_content"
70            android:layout_marginLeft="6dp"
71            >
72
73            <LinearLayout
74            android:layout_width="wrap_content"
75            android:layout_height="90dp"
76            android:orientation="vertical"
77            android:layout_marginRight="8dp"
78            android:visibility="visible">
79            <TextView
80                android:id="@+id/tv_content"
81                android:layout_width="wrap_content"
82                android:layout_height="wrap_content"
83                android:layout_weight="1"
84                android:layout_marginLeft="4dp"
85                android:gravity="center_vertical"
86                android:textSize="18sp"
87                android:textStyle="bold"
88                android:singleLine="true"
89                android:text="Large Text"
90                android:textColor="@color/textColor"
91                />
92
93            </LinearLayout>
```

```
94
95                  <CheckBox
96                      android:id="@+id/list_item_check"
97                      android:layout_width="30dp"
98                      android:layout_height="30dp"
99                      android:checked="false"
100                     android:layout_gravity="right|center_vertical"
101                     android:visibility="invisible"/>
102             </FrameLayout>
103         </LinearLayout>
104     </android.support.v7.widget.CardView>
105 </LinearLayout>
```

（3）在项目 java 目录下创建 HomeActivity.java 文件，该 Activity 继承于系统的 android.app. Activity，定义并实现 initUI()和 initListener()方法，在 onCreate()方法中调用自定义的初始化方法，具体代码如下。

```
1   @Override
2       protected void onCreate(Bundle savedInstanceState) {
3           super.onCreate(savedInstanceState);
4           requestWindowFeature(Window.FEATURE_NO_TITLE);
5           setContentView(R.layout.activity_home);
6           mContext = this;
7
8           DB = new NotesDB(this);
9           dbread = DB.getReadableDatabase();
10
11          initUI();
12          initListener();
13
14          initService();
15          initBroadCastReceiver();
16
17          //数据库中同步数据到 Listview
18          RefreshNotesList();
19      }
20  private void initUI()
21      {
22          //获取 listview 组件对象
23          listview = (ListView) findViewById(R.id.listview);
24          //定义并初始化变量存放列表显示内容
25          dataList = new ArrayList<Map<String, Object>>();
26          //获取“添加新日记”ImageButton 组件对象
27          addNote = (ImageButton) findViewById(R.id.btn_editnote);
28          //获取上传 TextView 组件对象
29          uploadTv = (TextView) findViewById(R.id.upload);
30          //获取上传确认 TextView 组件对象
31          uploadyesTv = (TextView) findViewById(R.id.upload_yes);
32          //获取上传取消 TextView 组件对象
33          uploadcancleTv = (TextView)findViewById(R.id.upload_cancel);
34          //实例化进度弹框对象，用于显示上传日记进度
35          mProgressDialog = new ProgressDialog(this);
36          //获取当前月日 TextView 组件对象
37          TextView titleDateTv = findViewById(R.id.home_title_date);
38          //获取当前星期 TextView 组件对象
39          TextView titleWeekTv = findViewById(R.id.home_title_week);
40          //调用系统方法获取当前月日和星期
41          long time=System.currentTimeMillis();
42          Date date=new Date(time);
43          //将数据显示在组件对象上
```

```
44              titleDateTv.setText(new SimpleDateFormat("dd").format(date));
45              titleWeekTv.setText(new SimpleDateFormat("EEEE").format(date));
46
47
48          }
49      //初始化各种事件监听
50      private void initListener()
51          {
52              //设置 listView 组件的单击事件、长按事件及滚动事件
53              listview.setOnItemClickListener(this);
54              listview.setOnItemLongClickListener(this);
55              listview.setOnScrollListener(this);
56              //设置"编辑新日记" TextView 组件单击事件，重写 onClick()方法
57              addNote.setOnClickListener(new View.OnClickListener() {
58
59                  @Override
60                  public void onClick(View arg0) {
61                      //Intent 显示调用编辑日记页 NotesEditorActivity
62                      NotesEditorActivity.ENTER_STATE = 0;
63                      Intent intent = new Intent(mContext, NotesEditorActivity.class);
64                      //通过 Bundle 组装编写日记初始信息，Intent 发送给目标 Activity
65                      Bundle bundle = new Bundle();
66                      //日记文本信息，初始值为""
67                      bundle.putString("info", "");
68                      //日记图片信息（图片路径），初始值为"0"
69                      bundle.putString("pic", "0");
70                      //日记音频信息（音频路径），初始值为"0"
71                      bundle.putString("aud", "0");
72                      //日记视频信息（视频路径），初始值为"0"
73                      bundle.putString("vid", "0");
74                      intent.putExtras(bundle);
75                      startActivityForResult(intent, 1);
76                  }
77              }};
```

（4）在项目 java 目录下创建 adapter 目录用于存放自定义适配器，在 adapter 目录下新建 ContentListAdapter.java，该类继承于 android.widget.BaseAdapter。在该类中重写 getCount()、getItem()、getItemId()、getView()等方法，具体代码如下。

```
1       package com.minafang.mininote.adapter;
2
3       import android.content.Context;
4       import android.util.Log;
5       import android.view.LayoutInflater;
6       import android.view.View;
7       import android.view.ViewGroup;
8       import android.widget.BaseAdapter;
9       import android.widget.CheckBox;
10      import android.widget.CompoundButton;
11      import android.widget.ImageView;
12      import android.widget.TextView;
13
14      import com.minafang.mininote.R;
15
16      import java.util.ArrayList;
17      import java.util.List;
18      import java.util.Map;
19
20      public class ConentListAdapter extends BaseAdapter {
21
```

```
22          String TAG = "mini-ContentListAdapter";
23          Context mContext;                     //Activity 上下文
24          List<Map<String, Object>> mData ;   //存放 ListView 数据的变量
25          LayoutInflater mInflater;
26          List<Boolean> mChecked;                     //存放 ListView 中 item 是否被选中标志的变量
27
28          /*
29          data: 日记时间，内容等数据
30           */
31
32          public ConentListAdapter(Context context, List<Map<String, Object>> data)
33          {
34              mContext = context;
35              mData = data;
36              mChecked = new ArrayList<Boolean>();
37              for(int i=0;i<mData.size();i++){
38                  mChecked.add(false);          //初始值设置为所有 item 都未被选中
39              }
40          }
41          //返回所有 item 的选中状态: true 或 false
42          public  List<Boolean> getmChecked()
43          {
44              return mChecked;
45          }
46
47          @Override
48          public int getCount() {
49              return mData.size();              //返回 listview 行数
50          }
51
52          @Override
53          public Object getItem(int position) {
54              return mData.get(position);      //返回 listview 指定行数据
55          }
56
57          @Override
58          public long getItemId(int position) {
59              return position;
60          }
61
62          @Override
63          public View getView(final int position, View convertView, ViewGroup parent) {
64              mInflater = (LayoutInflater)mContext.getSystemService(Context.LAYOUT
INFLATER_SERVICE);
65              final ViewHolder viewHolder;
66              if(convertView == null) {
67                  //加载 list item 样式，并将转换后的 View 返回给 ListView 显示每行 Item
68                  convertView = mInflater.inflate(R.layout.list_item, null);
69                  viewHolder = new ViewHolder(convertView);
70                  //获取日记内容组件对象
71                  viewHolder.content= (TextView)convertView.findViewById(R.id.tv_content);
72                  viewHolder.date = (TextView)convertView.findViewById(R.id.tv_date);
73                  final CheckBox cb;
74                  //获取日记是否被选中 CheckBox 组件对象
75                  cb = (CheckBox) convertView.findViewById(R.id.list_item_check);
76                  //监听 checkbox 组件选中状态变化
77                  cb.setOnCheckedChangeListener(new CheckBox.OnCheckedChangeListener() {
78                      @Override
79                      public void onCheckedChanged(CompoundButton buttonView, boolean
isChecked) {
```

```
80                         if(isChecked)
81                              mChecked.set(position, cb.isChecked());
82                         Log.d(TAG,"checkbox change check status: " + buttonView.getId());
83                    }
84              });
85              convertView.setTag(viewHolder);
86         }
87         else
88         {
89              viewHolder = (ViewHolder) convertView.getTag();
90         }
91         //将 data 中数据传递给组件对象
92         viewHolder.content.setText((String)mData.get(position).get("tv_content"));
93         viewHolder.date.setText((String)mData.get(position).get("tv_date"));
94         return convertView;
95     }
96     //由于 listview 中 item 是自定义样式，所以定义内部类 ViewHolder 封装 UI 上组件对象
97     public class ViewHolder{
98         TextView content;
99         TextView date;
100        ImageView decode;
101
102        ViewHolder(View view)
103        {
104             //日记内容加密
105             decode = (ImageView)view.findViewById(R.id.iv_decorde);
106             decode.setOnClickListener(new View.OnClickListener() {
107                 @Override
108                 public void onClick(View v) {
109                     Log.d(TAG,"listview image onclick");
110
111                 }
112             });
113         }
114     }
115 }
```

（5）在项目 java 目录下新建 service 目录，存放后台服务类。在 service 目录下新建 UploadService.java 文件，该类继承系统 android.app.Service 类。UploadService 类的主要功能是 在上传日记过程中定时刷新上传进度条，确保在 App 退后台时，上传任务能继续完成，同时在 上传完成后将该次上传行为保存成本地日志文件。UploadService 重写 onCreate()、onBind()和 onDestroy()等方法，具体代码如下。

```
1    package com.minafang.mininote.service;
2
3    import android.app.Service;
4    import android.content.BroadcastReceiver;
5    import android.content.Context;
6    import android.content.Intent;
7    import android.content.IntentFilter;
8    import android.net.Uri;
9    import android.os.Binder;
10   import android.os.Environment;
11   import android.os.Handler;
12   import android.os.IBinder;
13   import android.os.Message;
14   import android.text.TextUtils;
15   import android.util.Log;
16   import android.view.TextureView;
```

```
17    import android.view.View;
18
19    import java.io.File;
20    import java.io.FileOutputStream;
21    import java.io.FileReader;
22    import java.io.FileWriter;
23    import java.io.IOException;
24    import java.util.List;
25    import java.util.Map;
26
27    public class UploadService extends Service {
28
29        String TAG="mini-UploadService";
30        public static boolean wasScreenOn = true;
31        public static int mHour=0;
32        public static int mMin=0;
33        public static int mSec=0;
34        private BroadcastReceiver mReceiver;
35        private Handler handler;
36        private boolean mStartUpdate;
37        private boolean mIsStart;
38        private String mData;
39        private String mDate;
40        private String mContent;
41        private List<Map<String, Object>> mInfo;
42        private Thread mThread;
43
44        int progress = 0;
45
46        @Override
47        public void onCreate() {
48
49            final IntentFilter filter = new IntentFilter(Intent.ACTION_SCREEN_ON);
50            filter.addAction(Intent.ACTION_SCREEN_OFF);
51            mReceiver = new BroadcastReceiver() {
52                @Override
53                public void onReceive(Context context, Intent intent) {
54                    if (intent.getAction().equals(Intent.ACTION_SCREEN_OFF)) {
55                        {
56                            wasScreenOn = false;
57
58                        }
59                    } else if (intent.getAction().equals(Intent.ACTION_SCREEN_ON)) {
60                        wasScreenOn = true;
61
62                    }
63                    Log.d(TAG,"receiver: " + wasScreenOn);
64
65                }
66            };
67
68            registerReceiver(mReceiver, filter);
69            progress = 0;
70            Log.d(TAG," service[onCreate]");
71        }
72
73        @Override
74        public IBinder onBind(Intent intent) {
75            Log.d(TAG,"service[onBind]");
76            progress = 0;
```

```
77          //上传是否开始
78          mIsStart = true;
79          //构建独立线程完成上传功能，并同步通知 UI 更新进度
80          mThread = new Thread(new MyThread());
81          mThread.start();
82          return new MyBind();
83      }
84
85      public void onDestroy() {
86          //service 退出时需要注销广播监听
87          if (mReceiver != null) {
88              unregisterReceiver(mReceiver);
89              mReceiver = null; //
90          }
91      }
92
93
94      public class MyBind extends Binder
95      {
96          //返回当前 Service 对象
97          public UploadService getService()
98          {
99              return UploadService.this;
100         }
101         //MyBind 中提供方法让客户端将接口实现类对象传递进来
102         public void setData(final Object o, final UpdateUI updateUI)
103         {
104             mStartUpdate = true;
105             //实例化 handler 对象处理 message
106             handler = new Handler(){
107
108                 @Override
109                 public void handleMessage(Message msg)
110                 {
111                     if (msg.obj != null)
112                         //客户端将选中上传的 list 中的数据通过传递参数的方式保存在 mData 中
113                         mData = msg.obj.toString();
114
115                     Log.d(TAG,"handleMessage:" + mData);
116                     //调用 service 的客户端传递的接口 updateUI 的 update()方法，在接口实现类中完
成业务逻辑操作
117                     updateUI.update(o,mData);
118                 }
119
120             };
121         }
122     }
123     //创建线程定时发送消息给 UI 主线程，并在进度走完后写日志文件
124     public  class MyThread implements  Runnable
125     {
126
127         @Override
128         public void run() {
129             //进入从 0~100，当前模拟网络上传，定时 1s 发送消息更新进度，进度每次走 5%
130             while (mIsStart && progress<=100) {
131                 if(mStartUpdate)
132                 {
133                     {
134                         Message msg = handler.obtainMessage();
135                         msg.obj = Integer.toString(progress);
```

```
136                         handler.sendMessage(msg);
137                         Log.d(TAG,"service send message: " + progress);
138                         progress += 5;
139                     }
140                     //如果上传完成，发送广播通知，并写上传日志
141                     if (progress > 100)
142                     {
143                         //send broadcast
144                         progress = 0;
145                         mStartUpdate = false;
146                         //Intent 隐式发送 Action 给指定的广播接收者
147                         Intent intent = new Intent();
148                         intent.setAction("UPLOADFINISHED");
149                         Log.d(TAG,"upload finished ,so send broadcase");
150                         sendBroadcast(intent);
151                         //从 mData 中取出日记时间和日记内容保存在上传日志文件中
152                         for(int i=0; i<mInfo.size(); i++) {
153                             mDate = mInfo.get(i).get("tv_date").toString();
154                             mContent = mInfo.get(i).get("tv_content").toString();
155                             saveToFile(mDate, mContent);
156                         }
157                     }
158
159                 }
160                 try {
161                     Thread.sleep(1000);
162                 } catch (InterruptedException e) {
163                     e.printStackTrace();
164                 }
165             }
166
167         }
168     }
169     //定义接口，通知 HomeActivity 更新 UI，如进度条组件
170     public interface UpdateUI
171     {
172         public void update(Object o, String data);
173     }
174
175     public void setInfo(List<Map<String, Object>> info)
176     {
177         //提供方法设置当前 service 需要处理的数据
178         mInfo = info;
179     }
180     private void saveToFile(String date, String content)
181     { //生成上传日志，按当前上传时间命名日志文件
182         if (!TextUtils.isEmpty(date) && !TextUtils.isEmpty(content))
183         //I/O 操作需要加上异常保护
184         try {
185
186             //write internal storage:/data/data/包名/files/
187             FileOutputStream fos = openFileOutput(date,Context.MODE_PRIVATE);
188             //写文件
189             fos.write(content.getBytes());
190             //刷新保存文件
191             fos.flush();
192             //关闭文件
193             fos.close();
194         } catch (Exception e) {
195             e.printStackTrace();
```

```
196          }
197      }
198 }
```

（6）从数据库中读取日记列表，通过 Adapter 绑定到 listView 组件，具体代码如下。

```
1    //在添加新日记或编辑旧日记后，需要将数据库中数据更新到 ListView 组件
2        public void RefreshNotesList() {
3            int size = dataList.size();
4            if (size > 0) {
5                dataList.removeAll(dataList);
6                //Adapter 通知 View 更新界面内容
7                myAdapter.notifyDataSetChanged();
8                listview.setAdapter(myAdapter);
9            }
10           else {
11               myAdapter = new ConentListAdapter(this, getData());
12               listview.setAdapter(myAdapter);
13           }
14       }
```

（7）实现数据库的查询方法，具体方法如下。

```
1    private List<Map<String, Object>> getData() {
2            //从数据库中查找所有的日记数据
3            Cursor cursor = dbread.query("note", null,
4                    "content!=\"\"", null, null,
5                    null, null);
6            //游标控制查询条件
7            while (cursor.moveToNext()) {
8                //获取日记文本内容
9                String name = cursor.getString(cursor.getColumnIndex("content"));
10               //获取日记时间
11               String date = cursor.getString(cursor.getColumnIndex("date"));
12               //获取日记是否加密
13               String decode = cursor.getString(cursor.getColumnIndex("decode"));
14               Map<String, Object> map = new HashMap<String, Object>();
15               map.put("tv_content", name);
16               map.put("tv_date", date);
17               map.put("iv_decode", decode);
18               dataList.add(map);
19           }
20           cursor.close();
21
22           return dataList;
23
24       }
```

（8）实现列表项单击事件，单击后将该列表项日记的所有信息从数据库中获取出来，组装到 Bundle，通过 Intent 传递给编辑日记页面，具体代码如下。

```
1    @Override
2        public void onItemClick(AdapterView<?> arg0, View arg1, int arg2, long arg3) {
3            //用该变量判断进入编辑日记的入口，当前1表示单击日记条目进入，0表示添加新日记进入
4            NotesEditorActivity.ENTER_STATE = 1;
5            //获取单击 list item 的日记内容
6            String content = listview.getItemAtPosition(arg2) + "";
7            //将日记内容中日期部分过滤
8            String content1 = content.substring(content.indexOf("content")+8,content.
     indexOf("decode")-5);
9            Log.d(TAG, content1);
10           //按条件查询数据库中数据，并取出保存在变量中
```

```
11          Cursor c = dbread.query("note", null,
12              "content=" + "'" + content1 + "'", null, null, null, null);
13          while (c.moveToNext()) {
14              String No = c.getString(c.getColumnIndex("_id"));
15              String picPath = c.getString(c.getColumnIndex("pic"));
16              String audioPath = c.getString(c.getColumnIndex("aud"));
17              String videoPath = c.getString(c.getColumnIndex("vid"));
18              Log.d("TEXT", No);
19              //通过 Bundle 将变量数据组装，由 Intent 发送到目标 Activity
20              Intent myIntent = new Intent();
21              Bundle bundle = new Bundle();
22              bundle.putString("info", content1);    //文本信息
23              bundle.putString("pic", picPath);      //图片信息
24              bundle.putString("aud", audioPath);    //音频信息
25              bundle.putString("vid", videoPath);    //视频信息
26              Log.d(TAG, "startNote content: " + content1 + ", pic:" + picPath + ",
audio: " + audioPath + ", vide: " + videoPath);
27              NotesEditorActivity.id = Integer.parseInt(No);
28              myIntent.putExtras(bundle);
29              myIntent.setClass(HomeActivity.this, NotesEditorActivity.class);
30              //显示启动 NotesEditorActivity
31              startActivityForResult(myIntent, 1);
32          }
33
34      }
```

（9）实现列表项长按事件，选中某项日记列表，长按后创建 AlertDialog 对话框询问是否要删除该日记并做相应处理，具体代码如下。

```
1   @Override
2       public boolean onItemLongClick(AdapterView<?> arg0, View arg1, int arg2,long arg3) {
3           final int n=arg2;
4           //实例化 builder 对象，设置弹框显示内容
5           AlertDialog.Builder builder = new AlertDialog.Builder(this);
6           builder.setTitle("删除该日志");
7           builder.setMessage("确认删除吗？");
8           //注册确定和取消按钮单击事件
9           builder.setPositiveButton("确定", new DialogInterface.OnClickListener() {
10              @Override
11              public void onClick(DialogInterface dialog, int which) {
12                  //通过长按 list item 的行号获取对应 item 里的数据
13                  String content = listview.getItemAtPosition(n) + "";
14                  //过滤日期信息，得到日记内容
15                  String content1 = content.substring(content.indexOf("content")+8,
content.indexOf("decode")-5);
16                  //条件查询数据库中数据
17                  Cursor c = dbread.query("note", null, "content=" + "'"
18                      + content1 + "'", null, null, null, null);
19                  while (c.moveToNext()) {
20                      String id = c.getString(c.getColumnIndex("_id"));
21                      //保存数据中该行数据痕迹，只是清空日记内容
22                      String sql_del = "update note set content='' where _id="
23                          + id;
24                      dbread.execSQL(sql_del);
25                      //同步 Adapter 更新 listview 中数据
26                      RefreshNotesList();
27                  }
28              }
29          });
30          builder.setNegativeButton("取消", new DialogInterface.OnClickListener() {
31              @Override
```

```
32              public void onClick(DialogInterface dialog, int which) {
33              }
34          });
```

```
36          //显示弹框
37          builder.show();
38          return true;
39      }
```

（10）创建 ProgressDialog 组件，HomeActivity 上注册"上传"TextView 单击事件，重写"上传"控件的 onClick()方法，在方法中显示上传进度的弹框，具体代码如下。

```
1   private void  showProgressDialog()
2   {
3
4       mProgressDialog.setProgressStyle(ProgressDialog.STYLE_HORIZONTAL);
5       //设置 ProgressDialog 标题
6       mProgressDialog.setTitle("上传提示");
7       //设置 ProgressDialog 提示信息
8       mProgressDialog.setMessage("当前上传进度:");
9       //设置 ProgressDialog 是否可以按退回键取消
10      mProgressDialog.setCancelable(true);
11      mProgressDialog.show();
12      mProgressDialog.setMax(100);
13      mProgressDialog.setProgress(0);
14      doUpload();
15  }
16  private void doUpload()
17  {
18      List<Map<String, Object>> info = new ArrayList<Map<String, Object>>();
19      for(int i=0; i<myAdapter.getmChecked().size(); i++) {
20          if(myAdapter.getmChecked().get(i)) {
21              LinearLayout layout = (LinearLayout) listview.getChildAt(i);
22              TextView tv1 = (TextView) layout.findViewById(R.id.tv_date);
23              TextView tv2 = (TextView) layout.findViewById(R.id.tv_content);
24
25              Map<String, Object> map = new HashMap<String, Object>();
26              map.put("tv_content", tv2.getText());
27              map.put("tv_date", tv1.getText());
28              info.add(map);
29
30          }
31
32      }
33      mUploadService.setInfo(info);
34      if(myBinder!=null)
35      {
36          myBinder.setData(mProgressDialog, new UploadService.UpdateUI() {
37
38              @Override
39              public void update(final Object o, final String data) {
40
41                  HomeActivity.this.runOnUiThread(new Runnable() {
42                      @Override
43                      public void run() {
44                          Log.d(TAG,"HomeActivity update: " + data);
45                          if(!TextUtils.isEmpty(data)) {
46                              mProgressDialog.setProgress(Integer.parseInt(data));
47
48                          }
```

```
49
50
51                    }
52            });
53        }
54
55
56        });
57    }
58    else
59    {
60        Log.d(TAG,"bind is null!");
61    }
62 }
```

在 onCreat()方法里添加单击事件，具体代码如下。

```
1  uploadTv.setOnClickListener(new View.OnClickListener() {
2          @Override
3          public void onClick(View v) {
4              startUploadNotes();
5          }
6      });
7  uploadyesTv.setOnClickListener(new View.OnClickListener() {
8          @Override
9          public void onClick(View v) {
10             exitEditMode();
11             //显示上传进度弹框
12             showProgressDialog();
13         }
14     });
```

（11）打开项目 manifests 目录下 AndroidManifest.xml 文件，在文件中添加 HomeActivity
和 UploadService 声明，具体代码如下。

```
1  <service android:name=".service.UploadService"/>
2  <activity android:name=".HomeActivity">
```

4. 思考与拓展

结合 Service 的特性和生命周期思考使用 BindService 而不是 startService 的原因。

4.4.4 编辑模块

1. 知识点

（1）EditText 组件。

（2）StartActivityForResult。

2. 任务要求

（1）制作编辑模块 UI 布局。

（2）编辑界面可插入图片、音频、视频。

（3）保存更新日记。

3. 操作流程

（1）根据 UI 设计实现编辑页面排版布局。在 res\layout 目录下新建布局文件 activity_edit.xml，
修改默认布局管理器为线性布局管理器，删除其中 TextView 组件，添加 EditText、ImageView、

ScrollView 等组件并修改组件属性，具体代码如下，完成后的组件结构图及 UI 效果图如图 4-41
所示。

```
                       ...Layout xmlns:android="http://schemas.android.com/apk/res/android"
3      android:layout_width="match_parent"
4      android:layout_height="match_parent"
5      android:background="@color/bg"
6      android:orientation="vertical" >
7
8      <LinearLayout
9          android:layout_width="match_parent"
10         android:layout_height="100dp"
11         android:orientation="vertical">
12
13         <LinearLayout
14             android:layout_width="match_parent"
15             android:layout_height="68dp"
16             android:layout_gravity="center"
17             android:orientation="horizontal" >
18             <ImageButton
19                 android:id="@+id/btn_cancel"
20                 android:layout_width="25dp"
21                 android:scaleType="fitCenter"
22                 android:layout_marginLeft="14dp"
23                 android:layout_gravity="center_vertical"
24                 android:layout_height="25dp"
25                 android:background="@drawable/back"/>
26             <ImageView
27                 android:id="@+id/menu"
28                 android:layout_width="30dp"
29                 android:layout_height="30dp"
30                 android:layout_marginRight="20dp"
31                 android:visibility="gone"
32                 android:background="@drawable/menu"/>
33             <TextView
34                 android:id="@+id/tv_date"
35                 android:layout_width="wrap_content"
36                 android:layout_height="wrap_content"
37                 android:layout_gravity="center"
38                 android:layout_weight="0.5"
39                 android:textSize="20sp"
40                 android:gravity="center"
41                 android:text="test" />
42             <ImageButton
43                 android:id="@+id/btn_ok"
44                 android:layout_width="24dp"
45                 android:layout_height="24dp"
46                 android:layout_gravity="center"
47                 android:layout_marginRight="16dp"
48                 android:background="@drawable/save1" />
49
50         </LinearLayout>
51
52
53
54     </LinearLayout>
55     <FrameLayout
56
57         android:layout_width="match_parent"
```

```
58          android:layout_height="wrap_content"
59
60      >
61      <ImageView
62          android:layout_width="30dp"
63          android:layout_height="30dp"
64          android:layout_gravity="right"
65          android:layout_marginRight="144dp"
66          android:id="@+id/edit_menu_draw"
67          android:src="@drawable/draw"/>
68
69      <ImageView
70          android:layout_width="30dp"
71          android:layout_height="30dp"
72          android:layout_gravity="right"
73          android:layout_marginRight="96dp"
74          android:id="@+id/edit_menu_audio"
75          android:src="@drawable/audio"/>
76      <ImageView
77          android:layout_width="32dp"
78          android:layout_height="32dp"
79          android:layout_gravity="right"
80          android:layout_marginRight="48dp"
81          android:id="@+id/edit_menu_video"
82          android:src="@drawable/video"/>
83
84  </FrameLayout>
85  <ScrollView
86      android:layout_marginTop="12dp"
87      android:layout_marginLeft="24dp"
88      android:layout_marginRight="24dp"
89      android:layout_marginBottom="18dp"
90      android:layout_width="fill_parent"
91      android:layout_height="440dp"
92      android:background="@drawable/editbg"
93      android:scrollbars="vertical" >
94
95      <LinearLayout
96          android:layout_width="fill_parent"
97          android:layout_height="fill_parent"
98          android:layout_marginLeft="18dp"
99          android:layout_marginRight="18dp"
100         android:orientation="vertical"
101         android:layout_marginTop="16dp"
102         android:layout_marginBottom="10dp">
103         <com.minafang.mininote.ui.AudioView
104             android:layout_width="match_parent"
105             android:layout_height="64dp"
106             android:layout_marginLeft="32dp"
107             android:layout_marginRight="32dp"
108             android:visibility="gone"
109             android:id="@+id/audio"/>
110         <ImageView
111             android:layout_width="match_parent"
112             android:layout_height="wrap_content"
113             android:visibility="gone"
114             android:id="@+id/edit_show_pic"/>
115
116         <EditText
117             android:id="@+id/et_content"
```

```
118            android:layout_width="fill_parent"
119            android:layout_height="wrap_content"
120            android:paddingTop="10dp"
121            android:paddingBottom="10dp"
               android:textSize="20sp" />
124        </LinearLayout>
125    </ScrollView>
126    <ImageView
127        android:layout_width="48dp"
128        android:layout_height="48dp"
129        android:id="@+id/video"
130        android:visibility="gone"
131        android:layout_gravity="bottom|center_horizontal"
132        android:src="@drawable/playvideo"/>
133 </LinearLayout>
```

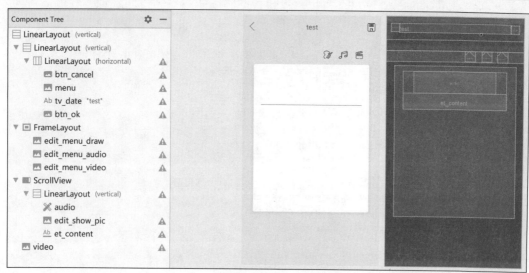

图 4-41　编辑页组件结构图及 UI 效果图

（2）在项目 java 目录下创建 NotesEditorActivity.java 文件，该 Activity 继承系统 android.app. Activity，重写 onCreate()方法初始化 UI 组件相关变量并注册事件，具体代码如下。

```
1    protected void onCreate(Bundle savedInstanceState) {
2        super.onCreate(savedInstanceState);
3        //设置无标题
4        requestWindowFeature(Window.FEATURE_NO_TITLE);
5        setContentView(R.layout.activity_edit);
6
7        tv_date = (TextView) findViewById(R.id.tv_date);
8        Date date = new Date();
9        SimpleDateFormat sdf = new SimpleDateFormat("yyyy-MM-dd HH:mm");
10       String dateString = sdf.format(date);
11       tv_date.setText(dateString);
12
13       et_content = (EditText) findViewById(R.id.et_content);
14       menuIv = (ImageView) findViewById(R.id.menu);
15       menuIv.setOnClickListener(new View.OnClickListener() {
16           @Override
17           public void onClick(View v) {
18               showMenu(v);
19           }
```

```
21
22          takePicIv = (ImageView)findViewById(R.id.edit_menu_draw);
23          audioIv = (ImageView)findViewById(R.id.edit_menu_audio);
24          videoIv = (ImageView)findViewById(R.id.edit_menu_video);
25          picIv = (ImageView)findViewById(R.id.edit_show_pic);
26  }
```

（3）重写 onActivityResult()方法，设置变量保存多媒体页面选择的图片、音频、视频等数据，具体代码如下。

```
1   @Override
2       protected void onActivityResult(int requestCode, int resultCode, Intent data) {
3           super.onActivityResult(requestCode, resultCode, data);
4           if(requestCode == 1000 && resultCode == 1001)
5           {
6               String filename = data.getStringExtra("picPath");
7               Log.d("minafang","onActivityResult picPath: " + filename);
8               if(filename != null) {
9                   Bitmap bitmap = BitmapFactory.decodeFile(filename);
10                  if(bitmap != null) {
11                      if(picIv.getVisibility() == View.GONE)
12                          picIv.setVisibility(View.VISIBLE);
13                      picIv.setImageBitmap(bitmap);
14                      picPath = filename;
15                      isPicModify = true;
16                  }
17
18              }
19          }
20
21      }
```

（4）将更新的日记内容同步写入数据库，具体代码如下。

```
1   //保存按钮的单击事件
2       btn_ok = (ImageButton) findViewById(R.id.btn_ok);
3       btn_ok.setOnClickListener(new OnClickListener() {
4           public void onClick(View arg0) {
5               //获取日志内容
6               String content = et_content.getText().toString();
7               Log.d("LOG1", content);
8               //获取写日志时间
9               Date date = new Date();
10              SimpleDateFormat sdf = new SimpleDateFormat("yyyy-MM-dd HH:mm");
11              String dateNum = sdf.format(date);
12              String decode = "false";
13              String sql;
14              String sql_count = "SELECT COUNT(*) FROM note";
15              SQLiteStatement statement = dbread.compileStatement(sql_count);
16              long count = statement.simpleQueryForLong();
17              Log.d("COUNT", count + "");
18              Log.d("audioTag", "picPath: " + picPath + ",audioPath: " + audioPath
    + ",videoPath: " + videoPath);
19              //添加一个新的日志
20              if (ENTER_STATE == 0) {
21                  if (!content.equals("")) {
22                      sql = "insert into " + NotesDB.TABLE_NAME_NOTES
23                              + " values(" + count + ","
24                              + "'" + content + "'" + ","
25                              + "'" + picPath + "'" + ","
```

```
26                                    + "'" + audioPath + "'" + ","
27                                    + "'" + videoPath + "'" + ","
28                                    + "'" + decode + "'" + ","
29                                    + "'" + dateNum + "')";
32                            }
33                        }
34                    //查看并修改一个已有的日志
35                    else {
36                        Log.d("执行命令", "执行了该函数");
37                        String picc = isPicModify==false?"":",pic=" + "'" + picPath + "'";
38                        String audioc = isAudioModify==false?"": ",aud=" + "'" +
audioPath + "'";
39                        String videoc = isVideoModify==false?"": ",vid=" + "'" +
videoPath + "'";
40                        String updatesql = "update note set content='"
41                                + content + "'" +
42                                picc +
43                                audioc +
44                                videoc +
45                                " where _id=" + id;
46                        Log.d("audioTag", "update: " + updatesql);
47                        dbread.execSQL(updatesql);
48                        //et_content.setText(last_content);
49                    }
50                    Intent data = new Intent();
51                    setResult(2, data);
52                    finish();
53                }
54            });
```

（5）实现多媒体数据删除功能。获取图片、音频、视频组件对象，绑定长按事件重写
onLongClick()方法，在方法中提示用户是否要删除资源并根据用户选择做相应处理，具体代码
如下。

```
1    picIv.setOnLongClickListener(new View.OnLongClickListener() {
2            @Override
3            public boolean onLongClick(View v) {
4                showTips(1); //提示删除照片
5                return false;
6            }
7        });
8
9        audio.setOnLongClickListener(new View.OnLongClickListener() {
10           @Override
11           public boolean onLongClick(View v) {
12               showTips(2); //提示删除音频
13               return false;
14           }
15       });
16
17       video.setOnLongClickListener(new View.OnLongClickListener() {
18           @Override
19           public boolean onLongClick(View v) {
20               showTips(3); //提示删除视频
21               return false;
22           }
23       });
24   private void showTips(final int type)
```

```
25         {
26             AlertDialog.Builder builder     new AlertDialog.Builder(this);
27             builder.setTitle("Tips");
28             builder.setMessage("确认删除吗？");
29             builder.setPositiveButton("确定", new DialogInterface.OnClickListener() {
30                 @Override
31                 public void onClick(DialogInterface dialog, int which) {
32                     switch (type)
33                     {
34                         case 1:
35                             picIv.setImageBitmap(null);
36                             picIv.setVisibility(View.GONE);
37                             picPath = "0";
38                             isPicModify = true;
39                             break;
40                         case 2:
41                             audio.Destroy();
42                             audio.setVisibility(View.GONE);
43                             audioPath = "0";
44                             isAudioModify = true;
45                             break;
46                         case 3:
47                             videoPath = "0";
48                             isVideoModify = true;
49                             video.setVisibility(View.GONE);
50                             break;
51                     }
52
53                 }
54             });
55             builder.setNegativeButton("取消", new DialogInterface.OnClickListener() {
56                 @Override
57                 public void onClick(DialogInterface dialog, int which) {
58                 }
59             });
60             builder.create();
61             builder.show();
62         }
```

（6）打开项目 manifests 目录下 AndroidManifest.xml 文件，在文件中添加 NotesEditorActivity 声明，具体声明代码如下。

```
1   <activity android:name=".NotesEditorActivity">
2           <intent-filter>
3               <category android:name="android.intent.category.DEFAULT" />
4           </intent-filter>
5   </activity>
```

4．思考和拓展

本项目是通过拍照获取图片，如果换成打开文件管理器选择本地文件夹中的图片该如何实现？

4.4.5　拍照模块

1．知识点

Camera 组件。

视 频 讲 解

2. 任务要求

（1）制作拍照模块 UI 布局。

（2）取景并预览图片。

3. 操作流程

（1）根据 UI 设计实现拍照页面排版布局。在 res\layout 目录下新建布局文件 activity_camera.xml，修改默认布局管理器为线性布局管理器，删除 TextView 组件，添加 Surfaceview、Textview、Imageview 等组件，并设置相应属性，具体代码如下，完成后的组件结构图及 UI 效果图如图 4-42 所示。

```
1    <?xml version="1.0" encoding="utf-8"?>
2    <LinearLayout
3        xmlns:android="http://schemas.android.com/apk/res/android"
4        android:layout_width="match_parent"
5        android:layout_height="match_parent"
6        android:orientation="vertical">
7        <FrameLayout
8            android:layout_width="match_parent"
9            android:layout_height="280dp">
10           <TextView
11               android:layout_width="wrap_content"
12               android:layout_height="wrap_content"
13               android:text="取景"
14               android:textColor="@color/colorPrimaryDark"
15               android:textSize="32sp"/>
16           <SurfaceView
17               android:layout_width="match_parent"
18               android:layout_height="match_parent"
19               android:id="@+id/surface"/>
20       </FrameLayout>
21
22       <Button
23           android:layout_width="100dp"
24           android:layout_height="wrap_content"
25           android:layout_gravity="center"
26           android:textSize="20sp"
27           android:id="@+id/takephoto"
28           android:text="拍照"/>
29       <FrameLayout
30           android:layout_width="match_parent"
31           android:layout_height="320dp">
32           <ImageView
33               android:layout_width="24dp"
34               android:layout_height="24dp"
35               android:layout_gravity="right|bottom"
36               android:layout_marginRight="16dp"
37               android:layout_marginBottom="96dp"
38               android:id="@+id/takephoto_yes"
39               android:src="@drawable/yes"/>
40           <ImageView
41               android:layout_width="28dp"
42               android:layout_height="28dp"
43               android:layout_marginRight="16dp"
44               android:layout_gravity="right|center_vertical"
45               android:id="@+id/takephoto_no"
46               android:src="@drawable/no"/>
```

```
48
49            android:layout_height="wrap_content"
50            android:id="@+id/showpic"/>
51       </FrameLayout>
52   </LinearLayout>
```

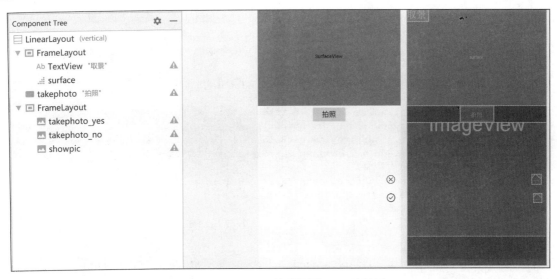

图 4-42　拍照页组件结构图及 UI 效果图

（2）在项目 java 目录下创建 CameraActivity.java 文件，该 Activity 继承系统 android.app.Activity，重写 onCreate()方法初始化 UI 组件相关变量并注册事件，具体代码如下。

```
1    @Override
2       protected void onCreate(Bundle savedInstanceState)
3       {
4           super.onCreate(savedInstanceState);
5           setContentView(R.layout.activity_camera);
6           initUI();
7           initListener();
8
9
10      }
11   private void initListener()
12      {
13      autoFocusCallback = new Camera.AutoFocusCallback() {
14          @Override
15          public void onAutoFocus(boolean success, Camera camera) {
16              if (success) {
17                  //对焦回调成功后拍照
18                  camera.takePicture(new Camera.ShutterCallback() {
19                      @Override
20                      public void onShutter() {
21
22                      }
23                  }, new Camera.PictureCallback() {
24                      @Override
25                      public void onPictureTaken(byte[] data, Camera camera) {
26
27                      }
28                  }, new Camera.PictureCallback() {
29                      @Override
```

```
30              public void onPictureTaken(byte[] data, Camera camera) {
31                  //拍照成功回调显示该照片
32                  showPic(data);
33                  camera.stopPreview();
34              }
35          }),
36          }
37        }
38    };
39  }
40  private void initUI()
41      {
42          //初始化 surfaceview 和 surfaceHolder, 设置 holder 回调
43          surfaceView = findViewById(R.id.surface);
44          takePicBtn = findViewById(R.id.takephoto);
45          showIv = findViewById(R.id.showpic);
46          surfaceHolder = surfaceView.getHolder();
47          surfaceHolder.addCallback(new SurfaceHolder.Callback() {
48              @Override
49              public void surfaceCreated(SurfaceHolder holder) {
50                  //获得焦点后，初始化摄像头
51                  initCamera();
52              }
53
54              @Override
55              public void surfaceChanged(SurfaceHolder holder, int format, int width,
int height) {
56              }
57
58              @Override
59              public void surfaceDestroyed(SurfaceHolder holder) {
60                  if (camera != null) {
61                      //surfaceView 销毁时释放 camera 对象资源
62                      camera.stopPreview();
63                      camera.release();
64                  }
65
66              }
67          });
68
69          //注册按钮单击事件完成拍照
70          takePicBtn.setOnClickListener(new View.OnClickListener() {
71              @Override
72              public void onClick(View v) {
73                  if(camera != null) {
74                      camera.autoFocus(autoFocusCallback);
75                      takePicBtn.setVisibility(View.INVISIBLE);
76
77                  }
78
79              }
80          });
81
82          yesIv = (ImageView)findViewById(R.id.takephoto_yes);
83          noIv = (ImageView)findViewById(R.id.takephoto_no);
84
85          yesIv.setOnClickListener(new View.OnClickListener() {
86              @Override
87              public void onClick(View v) {
88                  if(bitmap != null)
89                  {
```

```
91
92                      backToEditActivity();
93
94                  }
95              }
96          });
97
98          noIv.setOnClickListener(new View.OnClickListener() {
99              @Override
100             public void onClick(View v) {
101                 showIv.setImageBitmap(null);
102                 camera.startPreview();    //开始预览
103                 takePicBtn.setVisibility(View.VISIBLE);
104             }
105         });
106     }
```

（3）以拍照时间命名图片文件，将图片文件保存在手机/**SDCard/DCIM/Camera** 目录下，具体代码如下。

```
1   private void saveBitmap()
2   {
3       File dir = new File(Environment.getExternalStorageDirectory(),"/DCIM/Camera/");
4       if(!dir.exists())
5           dir.mkdir();
6       filename = System.currentTimeMillis() + ".jpg";
7       File file = new File(dir, filename);
8       try{
9           FileOutputStream fos = new FileOutputStream(file);
10          bitmap.compress(Bitmap.CompressFormat.JPEG, 100, fos);
11          fos.flush();
12          fos.close();
13      }
14      catch (Exception e)
15      {
16
17      }
18  }
```

（4）打开项目 manifests 目录下 AndroidManifest.xml 文件，在文件中添加 CameraActivity 声明，具体声明代码如下。

```
1   <activity android:name=".CameraActivity">
2   </activity>
```

4. 思考与拓展

如果选择本地照片插入日记，选择的本地照片的路径如何传递给编辑日记页面？

4.4.6　音频模块

视频讲解

1. 知识点

（1）自定义组件。

（2）MediaPlayer。

2. 任务要求

（1）自定义音频播放器 UI 布局及组件。

（2）MediaPlayer 组件实现音频播放、暂停、停止和播放进度控制。

3. 操作流程

（1）根据 UI 设计实现 Audio 组件排版布局。在 res\layout 目录下新建布局文件 audio.xml，需要注意的是根据项目需求要重新定义音频播放器的布局，所以这里采用自定义布局文件。具体代码如下，完成后的组件结构图及 UI 效果图如图 4-43 所示。

```xml
1   <?xml version="1.0" encoding="utf-8"?>
2   <LinearLayout
3       xmlns:android="http://schemas.android.com/apk/res/android"
4           android:layout_width="match_parent"
5           android:layout_height="80dp"
6           android:id="@+id/audio"
7           android:orientation="horizontal"
8           android:background="@android:color/transparent">
9           <SeekBar
10              android:layout_width="fill_parent"
11              android:layout_height="wrap_content"
12              android:layout_weight="0.6"
13              android:layout_gravity="center"
14              android:id="@+id/progress"
15              />
16          <ImageView
17              android:layout_width="24dp"
18              android:layout_marginRight="4dp"
19              android:layout_marginLeft="20dp"
20              android:layout_height="wrap_content"
21              android:id="@+id/play"
22              android:src="@drawable/play"/>
23          <ImageView
24              android:layout_width="26dp"
25              android:layout_height="wrap_content"
26              android:id="@+id/pause"
27              android:src="@drawable/pause"/>
28          <ImageView
29              android:layout_width="26dp"
30              android:layout_height="wrap_content"
31              android:id="@+id/stop"
32              android:src="@drawable/stop"/>
33  </LinearLayout>
```

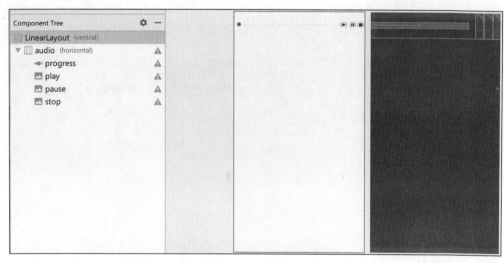

图 4-43　音频播放组件结构图及 UI 效果图

AudioView.java 文件，该类继承系统 android.widget.LinearLayout，在构造函数中初始化 UI 组件相关变量并注册事件，具体代码如下。

```java
public AudioView(Context context, AttributeSet attrs) {
    super(context, attrs);
    initUI(context);
    initListener();
    initAudio();
}
private void initUI(Context context)
{
    LayoutInflater inflater = LayoutInflater.from(context);
    View view = inflater.inflate(R.layout.audio, this);
    playIv = view.findViewById(R.id.play);
    pauseIv = view.findViewById(R.id.pause);
    stopIv = view.findViewById(R.id.stop);

    progressSb = view.findViewById(R.id.progress);

}

private void initAudio()
{
    //创建播放音乐 mediaplayer 对象
    mediaPlayer = new MediaPlayer();
    audioPath = Environment.getExternalStoragePublicDirectory(Environment.
DIRECTORY_MUSIC) + "/5.mp3";
    try {
        //设置播放的音频文件路径
        mediaPlayer.setDataSource(audioPath);
    } catch (IOException e) {
        e.printStackTrace();
    }
}
private void initListener()
{
    //注册 play 按钮、pause 按钮、stop 按钮的单击事件，操作音频播放
    playIv.setOnClickListener(new View.OnClickListener() {
        @Override
        public void onClick(View v) {
            if(!mediaPlayer.isPlaying()) {
                if(!isPause) {
                    try {
                        mediaPlayer.prepare();
                        progressSb.setProgress(0);
                        progressSb.setMax(100);
                    } catch (IOException e) {
                        e.printStackTrace();
                    }
                }
                mediaPlayer.start();
                isStop = false;
                progress();
            }
        }
    });

    pauseIv.setOnClickListener(new View.OnClickListener() {
```

```
55              @Override
56              public void onClick(View v) {
57                  if(mediaPlayer.isPlaying()) {
58                      mediaPlayer.pause();
59                      isPause = true;
60                  }
61                  else {
62                      if(!isStop)
63                          mediaPlayer.start();
64                  }
65              }
66          });
67
68          stopIv.setOnClickListener(new View.OnClickListener() {
69              @Override
70              public void onClick(View v) {
71                  isPause = false;
72                  mediaPlayer.stop();
73                  isStop = true;
74              }
75          });
76
77          progressSb.setOnSeekBarChangeListener(new SeekBar.OnSeekBarChangeListener() {
78              @Override
79              public void onProgressChanged(SeekBar seekBar, int progress, Boolean
fromUser) {
80
81              }
82
83              @Override
84              public void onStartTrackingTouch(SeekBar seekBar) {
85
86              }
87
88              @Override
89              public void onStopTrackingTouch(SeekBar seekBar) {
90
91              }
92          });
93      }
```

（3）通过定时发送消息更新音乐播放进度条，具体代码如下。

```
1    private void progress()
2    {
3        //处理消息
4        handler = new Handler(){
5            @Override
6            public void handleMessage(Message msg) {
7                //每隔1s查询一次进度，并更新到SeekBar上
8                if(mediaPlayer != null) {
9                    Log.d("audioTag", "progress: " + mediaPlayer.getCurrentPosition() +",
10                           durating: " + mediaPlayer.getDuration());
11                   progressSb.setProgress(mediaPlayer.getCurrentPosition() * 100 /
mediaPlayer.getDuration());
12                   Message message = new Message();
13                   message.what = 30000;
14                   if(!isStop)
15                       sendMessageDelayed(message, 1000);
16               }
17           }
```

```
20        //每隔1s发送消息更新播放进度
21        Message message = new Message();
22        message.what = 30000;
23        handler.sendMessageDelayed(message, 1000);
24    }
```

（4）定义公共方法 Destroy()用于 AudioView 所在 Acitivty 回收资源，具体代码如下。

```
1   //释放 mediaPlayer 相关资源
2   public void Destroy()
3       {
4           if(mediaPlayer != null) {
5               if (mediaPlayer.isPlaying())
6                   mediaPlayer.stop();
7               mediaPlayer.release();
8           }
9           mediaPlayer = null;
10      }
```

4．思考与拓展

需要独立定义一个对外可调用的方法来销毁音频相关资源的原因，View 是否提供了生命周期可以自我销毁？

视 频 讲 解

4.4.7　视频模块

1．知识点

（1）VideoView 组件。

（2）MediaController。

2．任务要求

（1）制作视频播放模块 UI 布局。

（2）播放视频。

3．操作流程

（1）根据 UI 设计实现登录页面排版布局。在 res\layout 目录下新建布局文件 activity_video.xml，修改默认布局管理器为线性布局管理器，删除 Textview 组件，添加 VideoView、ImageButton、TextView 等组件，并修改相关属性，具体代码如下，完成后的组件结构图及 UI 效果图如图 4-44 所示。

```
1   <?xml version="1.0" encoding="utf-8"?>
2   <LinearLayout
3       xmlns:android="http://schemas.android.com/apk/res/android"
4       android:layout_width="match_parent"
5       android:layout_height="match_parent"
6       android:orientation="vertical"
7       android:background="@color/bg">
8
9       <LinearLayout
10          android:layout_width="match_parent"
11          android:layout_height="100dp"
12          android:orientation="vertical">
13
14          <LinearLayout
```

```
15          android:layout_width="match_parent"
16          android:layout_height="68dp"
17          android:layout_gravity="center"
18          android:orientation="horizontal" >
19          <ImageButton
20              android:id="@+id/btn_video_back"
21              android:layout_width="25dp"
22              android:scaleType="fitCenter"
23              android:layout_marginLeft="14dp"
24              android:layout_gravity="center_vertical"
25              android:layout_height="25dp"
26              android:background="@drawable/back"/>
27          <TextView
28              android:id="@+id/tv_video_title"
29              android:layout_width="wrap_content"
30              android:layout_height="wrap_content"
31              android:layout_gravity="center"
32              android:layout_weight="0.5"
33              android:textSize="20sp"
34              android:gravity="center"
35              android:text="视频播放" />
36
37      </LinearLayout>
38
39
40
41  </LinearLayout>
42
43  <VideoView
44      android:layout_width="match_parent"
45      android:layout_height="match_parent"
46      android:id="@+id/playvideo"/>
47
48 </LinearLayout>
```

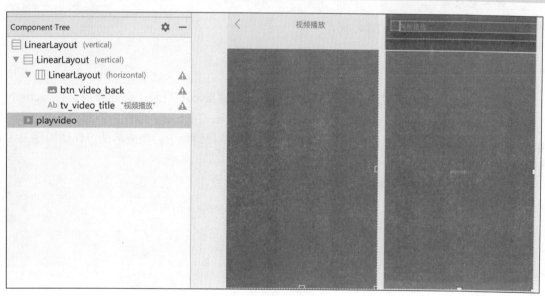

图 4-44　视频播放器组件结构图及 UI 效果图

（2）在项目 java 目录下创建 MediaActivity.java 文件，该类继承系统 android.app.Activity 类，重写 onCreate()方法初始化 UI 组件相关变量，并注册相关组件事件，具体代码如下。

```
3    import android.app.Activity;
4    import android.os.Bundle;
5    import android.view.View;
6    import android.view.Window;
7    import android.widget.ImageButton;
8    import android.widget.MediaController;
9    import android.widget.VideoView;
10
11   public class MediaActivity extends Activity {
12       VideoView video;
13
14       @Override
15       protected void onCreate(Bundle savedInstanceState)
16       {
17           super.onCreate(savedInstanceState);
18           requestWindowFeature(Window.FEATURE_NO_TITLE);
19           setContentView(R.layout.activity_video);
20           video = findViewById(R.id.playvideo);
21           initVideo();
22           ImageButton btn_back = (ImageButton) findViewById(R.id.btn_video_back);
23           btn_back.setOnClickListener(new View.OnClickListener() {
24               public void onClick(View arg0) {
25                   //返回按钮关闭当前 Activity
26                   finish();
27               }
28           });
29
30       }
31
32       @Override
33       protected void onDestroy() {
34           super.onDestroy();
35
36       }
37
38       private void initVideo()
39       {
40           //实例化 mediaController 系统组件控制视频播放、暂停等操作
41           MediaController mediaController = new MediaController(this);
42           video.setMediaController(mediaController);
43           //本实战项目中指定了视频播放地址
44           String url = "http://vfx.mtime.cn/Video/2019/02/04/mp4/190204084208765161.mp4";
45           //设置视频地址
46           video.setVideoPath(url);
47           //播放视频
48           video.start();
49
50       }
51
52   }
```

（3）打开项目 manifests 目录下 AndroidManifest.xml 文件，在文件中添加 MediaActivity 声明，具体声明代码如下。

```
1    <activity android:name=".MediaActivity">
2    </activity>
```

4. 思考与拓展

思考在一个界面中添加多个 VideoView 是否可行？

4.5 小　　结

本章首先讲解了 SharedPreferences 存储、文件存储、数据库存储等存储技术；然后讲解了数据通信及四大组件中的 Service 服务和 Broadcast 广播，接下来讲解了多媒体中的拍照 Camera、音频 Audio、视频 Video 播放等内容；最后通过完成"小黑日记"项目的各个功能模块，详细描述了在 Android 中如何使用以上技术实现相应的需求。其中，在数据存储的多种方式中，SharedPreferences 存储和 SQLite 存储最为常见，需要重点掌握。另外，多页面数据通信过程中，Intent 起到重要的桥梁作用，需要理解并熟练掌握。

4.6 习　　题

1. SharedPreferences 如何实现读写操作？文件存放在什么目录下？
2. 文件内部存储和外部存储的区别是什么？
3. 简述 SQLite 提供的对数据库的操作方法。
4. 简述 Intent 如何携带数据发送给目标组件。
5. 简述本地服务 Service 的两种类型的区别。
6. 简述实现广播的发送和接收的关键步骤。
7. 实现一个简单的打开本地视频文件并播放的小项目。

第5章 实战项目——干货集中营

（1）了解版本控制工具 Git，掌握 Git 的使用方法。

（2）了解网络请求，理解网络请求的方式，掌握 OkHttp 的使用方法。

（3）理解 Handler 消息机制，掌握 Handler 的使用方法。

（4）熟悉 RecyclerView 的使用方法。

（5）掌握图片加载库 Glide 的使用方法。

（6）使用 SwiperRefreshLayout 实现列表的下拉刷新。

（7）掌握 WebView 的使用。

5.1 项 目 介 绍

5.1.1 项目概述

本章要实现的应用程序叫 gank，是一款用于讲解网络请求并展示服务器端数据的应用。借助于干货集中营提供的 API 文档（https://gank.io/api），选取其中的一个 API（https://gank.io/api/data/Android/10/1），向这个 API 地址发送网络请求，获取服务器端的 JSON 数据，并解析 JSON 数据，把数据展示到列表页面中，同时实现列表页面的下拉刷新及上拉加载功能，如图 5-1 所示。

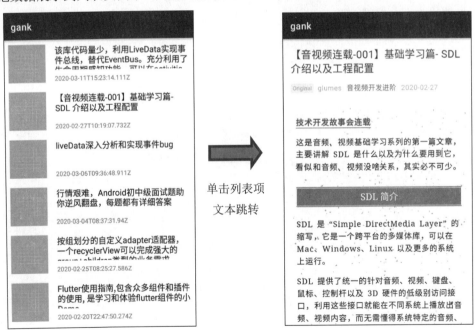

图 5-1　gank 应用效果图

5.1.2 项目设计

随着软件项目的规模越来越大，仅仅依靠个人力量无法完成工作，企业中的项目都是依靠团队来完成的，这就要求从业人员具备团队精神。而对于软件开发团队来说，源代码是非常重要的产出和资产，那么对于项目代码的管理，就需要版本控制工具来提供完备的版本管理功能，用于存储、追踪目录（文件夹）和文件的修改历史，版本控制工具是软件开发者的必备工具，也是软件公司的基础设施。而 Git 是当前世界上最先进的分布式版本控制系统，致力于帮助团队、个人进行项目版本管理，能有效、高速地处理从很小到非常大的项目版本管理任务，所以大多数的企业都已采用 Git 作为各自的版本控制系统，Git 已经成为软件开发者必须要掌握的工具。为了让读者更好地融入到企业的工作环境中，本项目重点讲解了 Git 的使用，以此来培养读者协作开发的习惯以及团队合作的意识。

Android App 作为终端项目，显示的数据大都是服务器端的数据，所以离不开网络的请求和获取服务器端的数据并进行解析，显示在 App 界面中。在网络请求的过程中，涉及数据的安全，为保证用户数据和设备的安全，Google 表示，所有针对 Android P 的应用程序，将要求默认使用加密连接，这意味着 Android P 将禁止 App 使用所有未加密的链接，因此运行 Android P 系统的安卓设备无论是接收或者发送流量，都不能明码传输，而必须使用 Transport Layer Security 传输层安全协议。这就要求软件开发者在项目的开发过程中，时刻注意数据的加密传输。

5.2 知识地图

对于当前的 App 来说，所有数据大都存储在服务器端，所以处理网络请求是项目开发中的一个必备核心技能，向服务器端发送请求，拿到数据之后进行数据解析，然后显示在各种 UI 界面中，是软件开发者的常规操作。同时由于 Git 已经成为软件开发者的一项必备技能，使用 Git 作为本项目的版本控制管理工具。项目所需要的知识点如图 5-2 所示。

图 5-2　知识地图

5.3 预备知识

5.3.1 版本控制软件 Git

版本控制是指对软件开发过程中各种程序代码、配置文件及说明文档等文件变更的管理，

Git 是一个开源的分布式版本控制系统，用于敏捷高效地处理任何或大或小的项目。Git 是 Linus Torvalds 为了帮助管理 Linux 内核开发而开发的一个开源的版本控制软件。Git 与常用的版本控制工具 CVS、Subversion 等不同，它采用了分布式版本库的方式，因此不需要服务器端软件支持。

1. Git 介绍

Git 项目拥有 3 个工作区域：工作区、暂存区以及 Git 目录（本地仓库），如图 5-3 所示。

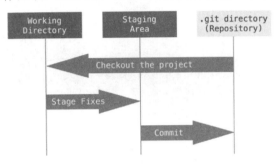

图 5-3 Git 的 3 个工作区域

Git 有 3 种状态，即已修改（modified）、已暂存（staged）和已提交（committed）。已修改表示修改了文件，但还没保存到数据仓库中，可以通过 add 命令将文件添加到暂存区中。已暂存表示对一个已修改文件的当前版本做了标记，使之包含在下次提交的快照中，通过 commit 命令将代码提交到本地仓库。已提交表示数据已经安全地保存在本地数据仓库中。这是 Git 中最重要的部分，从其他计算机克隆仓库时，复制的就是这里的数据。

基本的 Git 工作流程如下。

（1）在工作区中修改文件。

（2）将想要下次提交的更改选择性地暂存，这样只会将更改的部分添加到暂存区。

（3）提交更新，找到暂存区的文件，将快照永久性地存储到 Git 目录（本地仓库）。

如果 Git 目录中保存着特定版本的文件，就属于已提交状态。如果文件已修改并放入暂存区，就属于已暂存状态。如果自上次检出后，作了修改但还没有放到暂存区域，就是已修改状态。

除此之外还需要一个代码托管中心来进行团队协作，代码托管中心的任务就是维护远程仓库。在局域网环境下可以自行搭建 GitLab 服务器；外网环境下可使用 GitHub（https://github.com/，国外）和 Gitee（https://gitee.com/，国内，由开源中国提供）。

同一个团队内部协作模型，如图 5-4 所示。

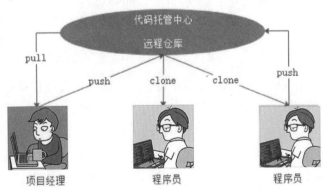

图 5-4 Git 同一团队内部协作模型

跨团队协作模型，如图 5-5 所示。

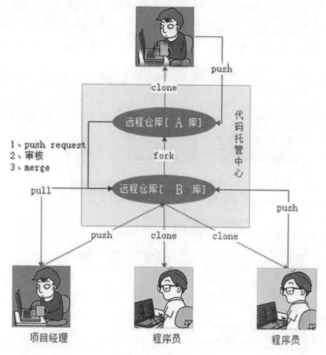

图 5-5　Git 跨团队协作模型

2．Git 安装

登录 Git 的官网（https://git-scm.com/），下载 Git，在官网上可以看到下载链接，如图 5-6 所示。

图 5-6　Git 下载界面

下载完成之后，执行安装，在这个过程中每一步均单击 next 按钮即可，直至安装完成。

3．Git 配置

一般在新的系统上，都需要先配置 Git 工作环境。配置工作只需一次，以后升级时还会沿用现在的配置。当然，如果需要，随时可以用相同的命令修改已有的配置。

Git 提供了一个叫作 git config 的工具，专门用来配置或读取相应的工作环境变量。而正是由这些环境变量决定了 Git 在各个环节的具体工作方式和行为。这些变量可以存放在以下 3 个

❖　/etc/gitconfig 文件：系统中对所有用户都普遍适用的配置。若使用 git config 时用--system
　　选项，读写的就是这个文件。

❖　~/.gitconfig 文件：用户目录下的配置文件只适用于该用户。若使用 git config 时用
　　--global 选项，读写的就是这个文件。

❖　当前项目的 Git 目录中的配置文件（也就是工作目录中的.git/config 文件）：这里的配置
　　仅仅针对当前项目有效。每一个级别的配置都会覆盖上层的相同配置，所以.git/config
　　里的配置会覆盖/etc/gitconfig 中的同名变量。

在 Windows 系统上，Git 会找寻用户主目录下的.gitconfig 文件。主目录即$HOME 变量指
定的目录，一般都是 C:\Documents and Settings\$USER。此外，Git 还会尝试找寻/etc/gitconfig
文件，只不过看当初 Git 装在什么目录，就以此作为根目录来定位。

最先要配置的是配置者个人的用户名称和电子邮件地址。这两条配置很重要，每次 Git 提
交时都会引用这两条信息，说明是谁提交了更新，所以，这两条配置会随更新内容一起被永久
纳入历史记录。操作步骤如下。在 Windows 系统桌面右击，在弹出的快捷菜单中选择 git bash
命令，在打开的窗口中分别输入以下两个语句。

```
1    $ git config --global user.name "John Doe"
2    $ git config --global user.email "johndoe@example.com"
```

用户名和邮箱分别是注册 Github 或 Gitee 里面的信息，登录之后可通过个人主页获取里面
的信息。

如果用了--global 选项，那么更改的配置文件就是位于用户主目录下的那个，以后所有的项
目都会默认使用这里配置的用户信息。如果要在某个特定的项目中使用其他名字或者邮箱，只
要去掉--global 选项重新配置即可，新的设定保存在当前项目的.git/config 文件里。

4．Git 使用

1）取得项目的 Git 仓库

有两种取得 Git 项目仓库的方法。第一种是在现存的目录下，通过导入所有文件来创建新
的 Git 仓库。第二种是从已有的 Git 仓库克隆出一个新的镜像仓库来。

（1）在工作目录中初始化新仓库。

要对现有的某个项目开始使用 Git 管理，只需到此项目所在的目录，执行如下命令即可，
具体代码如下。

```
1    $ git init
```

初始化后，在当前目录下会出现一个名为.git 的目录，所有 Git 需要的数据和资源都存放在
这个目录中。不过目前，仅仅是按照既有的结构框架初始化好了里边所有的文件和目录，但还
没有开始跟踪管理项目中的任何一个文件。

如果当前目录下有几个文件想要纳入版本控制，需要先用 **git add** 命令告诉 Git 开始对这
些文件进行跟踪，然后提交，具体代码如下。

```
1    #从工作区添加文件到暂存区
2    $ git add *.c
3    #从工作区添加文件到暂存区
4    $ git add README
5    #从暂存区提交到 Git 目录（本地仓库），-m 是 message 的缩写，  单引号里面是本次提交的描述信息
6    $ git commit -m 'initial project version'
```

如果准备从工作区提交多个文件到暂存区，可以执行如下命令，具体代码如下。

```
1   #从工作区添加多个文件到暂存区，*是通配符，匹配所有已经修改的文件
2   $ git add *
```

（2）从现有仓库克隆。

如果远程仓库（代码托管中心）已经有了某个项目，那么只需要执行克隆命令就可把远程仓库中的数据复制到本地，这样，即使服务器（远程仓库）中的磁盘发生故障，用任何一个克隆出来的客户端都可以重建服务器上的仓库，回到当初克隆时的状态，具体代码如下。

```
1   $ git clone https://gitee.com/zhangsan/android.git
```

clone 后面是远程仓库的 URL 地址。

2）远程仓库的使用

要参与任何一个 Git 项目的协作，必须要了解该如何管理远程仓库。远程仓库是指托管在网络上的项目仓库，可能会有好多个，其中有些只能读，另外有些可以写。同他人协作开发某个项目时，需要管理这些远程仓库，以便推送或拉取数据，分享各自的工作进展。

（1）查看当前的远程仓库。

要查看当前配置有哪些远程仓库，可以用 git remote 命令，具体代码如下。

```
1   $ git remote
```

如果没有显示任何内容，代表当前没有绑定任何远程仓库。

也可以加上-v 选项，显示对应的克隆地址，具体代码如下。

```
1   $ git remote -v
2   origin https://gitee.com/zhangsan/android.git (fetch)
3   origin https://gitee.com/zhangsan/android.git (push)
```

Origin 是远程仓库的名字，后面是远程仓库的 URL 地址。

（2）添加远程仓库。

如果本地已经有了 Git 仓库，但是没有添加远程仓库，那么可以执行 git remote add [shortname] [url]命令，具体代码如下。

```
1   $ git remote add origin https://gitee.com/zhangsan/android.git
```

origin 是远程仓库的名字，后面是远程仓库的 URL 地址。

（3）推送数据到远程仓库。

项目进行到一个阶段，要同别人分享目前的成果，可以将本地仓库中的数据推送到远程仓库。实现这个任务的命令很简单： git push [remote-name] [branch-name]。可以运行下面的命令，具体代码如下。

```
1   $ git push origin master
```

origin 是远程仓库的名字，master 是分支的名字，也是远程仓库中的默认分支。

只有在所克隆的远程仓库上有写权限或者同一时刻没有其他人在推送数据时，这条命令才会如期完成任务。如果在推送数据前，已经有其他人推送了若干更新，那么推送操作就会被驳回。必须先把他们的更新抓取到本地，合并到自己的项目中，然后才可以再次进行推送。

（4）从远程仓库抓取数据。

可以使用命令 git fetch [remote-name]从远程仓库抓取数据到本地，代码如下。

```
1   $ git fetch origin
```

此命令会到远程仓库中拉取所有本地仓库中还没有的数据，有一点很重要，需要记住，fetch 命令只是将远端的数据拉到本地仓库，并不自动合并到当前工作分支，只有当确实准备好了，

如果设置了某个分支用于跟踪某个远端仓库的分支，可以使用 git pull 命令自动抓取数据下来，并将远端分支自动合并到本地仓库中的当前分支。也就是说，pull 不光抓取数据还合并数据，所以在日常工作中经常使用 git pull 命令。

5. Git 分支

1）分支概述

Git 中的每次提交，都会串成一条时间线，这条时间线就是一个分支。初始状态下，只有一条时间线，在 Git 里，这个分支叫主分支，即 master 分支。Git 在内部有个指向当前版本的 HEAD 指针，一开始的时候，master 分支是一条线，Git 用 master 指向最新的提交，再用 HEAD 指针指向 master，就能确定当前分支，以及当前分支的提交点，如图 5-7 所示。

每次提交，master 分支都会向前移动一步，这样，随着不断提交，master 分支的线也越来越长。

当创建新的分支，如 dev 时，Git 新建了一个指针叫 dev，指向 master 相同的提交，再把 HEAD 指针指向 dev 指针，就表示当前分支在 dev 指针上，如图 5-8 所示。

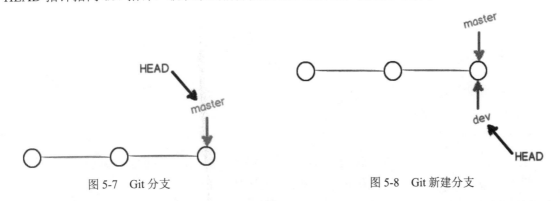

图 5-7　Git 分支　　　　　　　　　　　图 5-8　Git 新建分支

所以，Git 创建一个分支很快，因为除了增加一个 dev 指针，然后修改 HEAD 指针的指向，工作区的文件都没有任何变化。

不过，从现在开始，对工作区的修改和提交就是针对 dev 分支了。例如，新提交一次后，dev 指针往前移动一步，而 master 指针不变，如图 5-9 所示。

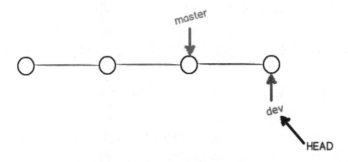

图 5-9　Git 新分支更新及提交

假如在 dev 指针上的工作完成了，就可以把 dev 指针合并到 master 指针上。Git 怎么合并呢？最简单的方法，就是直接把 master 指针指向 dev 指针的当前提交，就完成了合并，如图 5-10 所示。

所以 Git 合并分支也很快，就只是修改指针，工作区内容也不变。

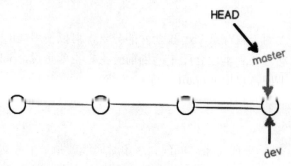

图 5-10　Git 合并分支

合并完分支后，甚至可以删除 dev 分支。删除 dev 分支就是把 dev 指针给删掉，然后就剩下了一条 master 分支，如图 5-11 所示。

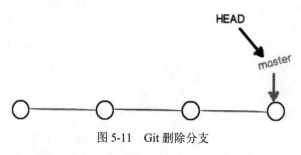

图 5-11　Git 删除分支

2）Git 分支命令

（1）列出分支，具体代码如下。

```
1    $ git branch
2    * master
3    dev
```

没有参数只是列出本地的所有分支。例如，上述列出了两个分支：master 和 dev，master 分支前面有个*，表示当前的分支是在 master 分支。

如果需要列出本地及选程的所有分支，需要添加参数-a，具体代码如下。

```
1    $ git branch -a
```

（2）创建分支。

创建分支的命令 git branch [branch_name]，具体代码如下。

```
1    $ git branch dev
```

上述命令创建了 dev 分支，不过只是创建了 dev 分支，但是并没有切换到 dev 分支。

（3）切换分支。

切换分支的命令 git checkout [branch_name]，具体代码如下。

```
1    $ git checkout dev
```

把当前的分支切换到 dev 分支（也就代表 HEAD 指针指向 dev 指针）。

上述创建和切换命令可以用一条命令来完成，具体代码如下。

```
1    $ git checkout -b dev
```

表示创建了一个新分支 dev 并立即切换到此分支。

（4）合并分支。

合并分支的命令 git merge [branch_name]，具体代码如下。

```
1    $ git merge dev
```

冲突，就需要解决冲突，然后再提交。

（5）删除分支。

删除分支的命令 git branch -d [branch_name]，具体代码如下。

```
1    $ git branch -d dev
```

上述命令代表删除了 dev 分支。

5.3.2　网络请求

Android 向服务器发送请求的方式很多，总体分为两类：一个是内置的 HttpURLConnection，另外一个是基于 HttpURLConnection 的开源框架，开源框架中又属 Square 公司开源的 OkHttp 应用范围最广。

连接网络首先需要申请权限，在 AndroidManifest.xml 中添加如下代码，具体代码如下。

```
1    <uses-permission android:name="android.permission.INTERNET"/>
```

Google 为保证用户数据和设备的安全，针对 Android P 的应用程序，要求默认使用加密连接，这意味着 Android P 将禁止 App 使用所有未加密的连接，因此运行 Android P 系统的 Android 设备无论是接收或者发送流量，未来都不能明码传输，而需要使用下一代传输层安全协议（Transport Layer Security），而 Android Nougat 和 Android Oreo 则不受影响。

如果有访问 HTTP 协议的连接需求，还需要进行如下两步操作。

（1）在 res 下面新建 xml 文件夹，在此目录下创建网络配置文件 network-security-config.xml，具体代码如下。

```
1    <?xml version="1.0" encoding="utf-8"?>
2    <network-security-config>
3        <base-config cleartextTrafficPermitted="true" />
4    </network-security-config>
```

（2）在 AndroidManifest.xml 中的 application 中添加 android:networkSecurityConfig="@xml/network_security_config"，具体代码如下。

```
1    <?xml version="1.0" encoding="utf-8"?>
2    <manifest xmlns:android="http://schemas.android.com/apk/res/android"
3        package="com.sptpc.networkdemo">
4        <uses-permission android:name="android.permission.INTERNET" />
5        <application
6            ...
7            android:networkSecurityConfig="@xml/network_security_config">
8            ...
9        </application>
10   </manifest>
```

1. HttpURLConnection

HttpURLConnection 是基于 HTTP 协议的，支持 GET、POST、PUT、DELETE 等各种请求方式，最常用的就是 GET 和 POST，下面针对这两种请求方式进行讲解。

1）GET 请求的使用方式

由于网络请求是耗时操作，所以需要创建一个子线程来运行，避免主 UI 线程卡死，具体代码如下。

```
1    new Thread(new Runnable() {
2        @Override
```

```
3        public void run() {
4            try {
5                String url = "https://www.baidu.com/";
6                //1.实例化一个 URL 对象
7                URL url = new URL(url);
8                //2.获取 HttpURLConnection 实例
9                HttpURLConnection connection = (HttpURLConnection) url.openConnection();
10               //3.设置和请求相关的属性
11               //请求方式
12               connection.setRequestMethod("GET");
13               //请求超时时长（ms）
14               connection.setConnectTimeout(6000);
15
16               //4.获取响应码
17               int responseCode = connection.getResponseCode();
18               // 200: 成功/404: 未请求到指定资源/500: 服务器异常
19               if(responseCode == HttpURLConnection.HTTP_OK){
20                   //5.判断响应码并获取响应数据（响应的正文）
21                   InputStream is = connection.getInputStream();
22                   //6.将流转换为字符串
23                   BufferedInputStream bis = new BufferedInputStream(is);
24                   ByteArrayOutputStream baos = new ByteArrayOutputStream();
25                   // bis.read(b); 该方法返回值是 int 类型数据，代表的是实际读到的数据长度
26                   byte[] b = new byte[1024];
27                   int len = 0;
28                   //在循环中读取输入流
29                   while( (len = bis.read(b)) != -1) {
30                       //将字节数组里面的内容存/写入缓存流
31                       //参数1: 待写入的数组
32                       //参数2: 起点
33                       //参数3: 长度
34                       baos.write(b, 0, len);
35                   }
36                   //关闭资源
37                   baos.flush();
38                   bis.close();
39                   baos.close();
40                   //输出获取到的数据
41                   String msg = new String(baos.toByteArray());
42                   Log.d("MainActivity", msg);
43               }
44
45           } catch (Exception e) {
46               e.printStackTrace();
47           }
48       }
49   }).start();
```

如果需要传递参数，则直接把参数拼接到 URL 后面，其他完全相同，具体代码如下。

```
1    String url = "https://www.baidu.com/api/login?userName=zhangsan&password=123456";
```

要注意以下 3 点。

（1）URL 与参数之间用"?"隔开。

（2）键-值对中键与值用"="连接。

（3）两个键-值对之间用"&"连接。

2）POST 请求的使用方式

POST 请求与 GET 请求有很多相似之处，只是多了一些设置以及需要设置请求数据的类型。

```
1    new Thread(new Runnable() {
2        @Override
3        public void run() {
4            try {
5                URL url = new URL(getUrl);
6                HttpURLConnection connection = (HttpURLConnection) url.openConnection();
7                connection.setRequestMethod("POST");//设置请求方式为POST
8                connection.setConnectTimeout(6000);
9                connection.setDoOutput(true);          //允许写出
10               connection.setDoInput(true);           //允许读入
11               connection.setUseCaches(false);        //不使用缓存
12
13               //设置请求数据的类型
14
15               //获取响应码
16               int responseCode = connection.getResponseCode();
17               if(responseCode == HttpURLConnection.HTTP_OK){
18                   InputStream inputStream = connection.getInputStream();
19                   //将流转换为字符串
20
21               }
22           } catch (Exception e) {
23               e.printStackTrace();
24           }
25       }
26   }).start();
```

（2）POST 请求传递 JSON 格式参数。

```
1    new Thread(new Runnable() {
2        @Override
3        public void run() {
4            try {
5                URL url = new URL(getUrl);
6                HttpURLConnection connection = (HttpURLConnection) url.openConnection();
7                connection.setRequestMethod("POST");//设置请求方式为POST
8                connection.setConnectTimeout(6000);
9                connection.setDoOutput(true);          //允许写出
10               connection.setDoInput(true);           //允许读入
11               connection.setUseCaches(false);        //不使用缓存
12
13               //设置请求数据的类型
14               connection.setRequestProperty("Content-Type", "application/json;charset=
utf-8");                                              //设置参数类型是 JSON 格式
15               //JSON 格式参数
16               String body = "{userName:zhangsan,password:123456}";
17               BufferedWriter writer = new BufferedWriter(new OutputStreamWriter
(connection.getOutputStream(), "UTF-8"));
18               writer.write(body);
19               writer.close();
20
21               //获取响应码
22               int responseCode = connection.getResponseCode();
23               if(responseCode == HttpURLConnection.HTTP_OK){
24                   InputStream inputStream = connection.getInputStream();
25                   //将流转换为字符串
26
27               }
28           } catch (Exception e) {
```

```
29                    e.printStackTrace();
30               }
31          }
32  }).start();
```

2. OkHttp

OkHttp 是一个处理网络请求的高性能框架，支持同一地址的链接共享同一个 socket，通过连接池来减小响应延迟，还有透明的 GZIP 压缩，请求缓存等优势。如果服务器配置了多个 IP 地址，当第一个 IP 连接失败时，OkHttp 会自动尝试下一个 IP。OkHttp 还处理了代理服务器问题和 SSL 握手失败问题。

OkHttp 采用了分层设计的思想，使用多层拦截器，每个拦截器解决一个问题，多层拦截器套在一起，就像设计模式中的装饰者模式一样，可以在保证每层功能高内聚的情况下，解决多样性的问题。

使用 OkHttp 需要选择 app→build.gradle 命令并在里面添加依赖，具体代码如下。

```
1  implementation("com.squareup.okhttp3:okhttp:4.9.0")
```

1）使用步骤

OkHttp 发送网络请求需要 4 个步骤。

（1）创建 OkHttpClient。

（2）创建请求 Request。

（3）创建 Call，其用于发送网络请求。

（4）调用 Call 的 enqueue()方法或 execute()方法发起异步或同步请求。

代码如下。

```
1   //第一步，创建 OkHttpClient
2   OkHttpClient client = new OkHttpClient();
3
4   //第二步，创建请求 Request
5   Request request = new Request.Builder()
6       .url("http://www.baidu.com")
7       .build();
8
9   //第三步，创建一个 Call，用于发起网络请求
10  Call call = client.newCall(request);
11
12  //第四步，发起异步请求，调用 Call 的 enqueue()方法（同步用 execute()方法）
13  call.enqueue(new Callback() {
14      @Override
15      public void onFailure(Call call, IOException e) {
16          //请求失败处理
17      }
18
19      @Override
20      public void onResponse(Call call, Response response) throws IOException {
21          //请求成功处理
22      }
23  });
```

2）get 请求使用方法

（1）同步请求。

对于同步请求在请求时需要开启子线程，请求成功后需要跳转到 UI 线程修改 UI，具体代码如下。

```
2      public void getData() {
3          new Thread(new Runnable() {
4              @Override
5              public void run() {
6                  try {
7                      OkHttpClient client = new OkHttpClient();//创建 OkHttpClient 对象
8                      Request request = new Request.Builder()
9                              .url("http://www.baidu.com")//请求接口，如果需要传参拼接到接口后面
10                             .build();//创建 Request 对象
11                     Response response = null;
12                     response = client.newCall(request).execute();//得到 Response 对象
13                     if (response.isSuccessful()) {
14                         Log.d("Sync", "response.code()==" + response.code());
15                         Log.d("Sync", "response.message()==" + response.message());
16                         Log.d("Sync", "res==" + response.body().string());
17                         //此时的代码执行在子线程，修改 UI 的操作请使用 handler 跳转到 UI 线程

19                     }
20                 } catch (Exception e) {
21                     e.printStackTrace();
22                 }
23             }
24         }).start();
25     }
```

日志输出结果，具体代码如下。

```
1    2020-08-07 23:14:59.599 5427-5453/com.example.okhttpdemo D/Sync: response.code()==200
2    2020-08-07 23:14:59.600 5427-5453/com.example.okhttpdemo D/Sync: response.message()==OK
3    2020-08-07 23:14:59.603 5427-5453/com.example.okhttpdemo D/Sync: res==<!DOCTYPE html>
4    <!--STATUS OK--><html> <head><meta http-equiv=content-type content=text/html;charset=
utf-8><meta http-equiv=X-UA-Compatible content=IE=Edge><meta content=always name=referrer>
<link rel=stylesheet type=text/css href=http://s1.bdstatic.com/r/www/cache/bdorz/baidu.mi
n.css><title>百度一下，你就知道</title></head> <body link=#0000cc> <div id=wrapper> <div id=
head> <div class=head_wrapper> <div class=s_form> <div class=s_form_wrapper> <div id=lg>
<img hidefocus=true src=//www.baidu.com/img/bd_logo1.png width=270 height=129> </div>
<form id=form name=f action=//www.baidu.com/s class=fm> <input type=hidden name=bdorz_come
value=1> <input type=hidden name=ie value=utf-8> <input type=hidden name=f value=8>
<input type=hidden name=rsv_bp value=1> <input type=hidden name=rsv_idx value=1> <input
type=hidden name=tn value=baidu><span class="bg s_ipt_wr"><input id=kw name=wd class=s_
ipt value maxlength=255 autocomplete=off autofocus></span><span class="bg s_btn_wr"><input
type=submit id=su value=百度一下 class="bg s_btn"></span> </form> </div> </div> <div id=u1>
<a href=http://news.baidu.com name=tj_trnews class=mnav>新闻</a> <a href=http://www.hao123.
com name=tj_trhao123 class=mnav>hao123</a> <a href=http://map.baidu.com name=tj_trmap class=
mnav>地图</a> <a href=http://v.baidu.com name=tj_trvideo class=mnav>视频</a> <a href=http:
//tieba.baidu.com name=tj_trtieba class=mnav>贴吧</a> <noscript> <a href=http://www.baidu.
com/bdorz/login.gif?login&amp;tpl=mn&amp;u=http%3A%2F%2Fwww.baidu.com%2f%3fbdorz_come%3d1
 name=tj_login class=lb>登录</a> </noscript> <script>document.write('<a href="http://www.
baidu.com/bdorz/login.gif?login&tpl=mn&u='+ encodeURIComponent(window.location.href+
(window.location.search === "" ? "?" : "&")+ "bdorz_come=1")+ '" name="tj_login" class=
"lb">登录</a>');</script> <a href=//www.baidu.com/more/ name=tj_briicon class=bri style=
"display: block;">更多产品</a> </div> </div> </div> <div id=ftCon> <div id=ftConw> <p id=
lh> <a href=http://home.baidu.com>关于百度</a> <a href=http://ir.baidu.com>About Baidu</a>
</p> <p id=cp>&copy;2017 Baidu <a href=http://www.baidu.com/duty/>使用百度前必读
</a>  <a href=http://jianyi.baidu.com/ class=cp-feedback>意见反馈</a> 京ICP证030173号
  <img src=//www.baidu.com/img/gs.gif> </p> </div> </div> </div> </body> </html>
```

（2）异步请求。

这种方式不用再次开启子线程，但回调方法是执行在子线程中，所以在更新 UI 时还要跳

转到 UI 线程中，具体代码如下。

```
1    //get 异步请求方法
2    public void getDataAsync() {
3        OkHttpClient client = new OkHttpClient();
4        Request request = new Request.Builder()
5                .url("https://gank.io/api/v2/banners")
6                .build();
7        client.newCall(request).enqueue(new Callback() {
8            @Override
9            public void onFailure(Call call, IOException e) {
10
11            }
12
13            @Override
14            public void onResponse(Call call, Response response) throws IOException {
15                if (response.isSuccessful()) {                    //回调的方法执行在子线程
16                    Log.d("Async", "response.code()==" + response.code());
17                    Log.d("Async", "response.message()==" + response.message());
18                    Log.d("Async", "response.body().string()==" + response.body().string());
19                }
20            }
21        });
22    }
```

日志输出结果，代码如下（网络请求 URL 返回的数据是 JSON 数据格式）。

```
1    2020-08-07 23:32:25.106 5790-6010/com.example.okhttpdemo D/Async: response.code()==200
2    2020-08-07 23:32:25.106 5790-6010/com.example.okhttpdemo D/Async: response.message()==OK
3    2020-08-07 23:32:25.109 5790-6010/com.example.okhttpdemo D/Async: response.body().
string()=={"data":[{"image":"http://gank.io/images/cfb4028bfead41e8b6e34057364969d1",
"title":"\u5e72\u8d27\u96c6\u4e2d\u8425\u65b0\u7248\u66f4\u65b0","url":"https://gank.io/
migrate_progress"},{"image":"http://gank.io/images/aebca647b3054757afd0e54d83e0628e",
"title":"- \u6625\u6c34\u521d\u751f\uff0c\u6625\u6797\u521d\u76db\uff0c\u6625\u98ce\u5341\
u91cc\uff0c\u4e0d\u5982\u4f60\u3002","url":"https://gank.io/post/5e51497b6e7524f833c3f7a8"},
{"image":"https://pic.downk.cc/item/5e7b64fd504f4bcb040fae8f.jpg","title":"\u76d8\u70b9\
u56fd\u5185\u90a3\u4e9b\u514d\u8d39\u597d\u7528\u7684\u56fe\u5e8a","url":"https://gank.io/
post/5e7b5a8b6d2e518fdeab27aa"}],"status":100}
```

3）post 请求使用方法

post 请求也分同步和异步两种方式，同步与异步的区别和 get 请求类似，所以此处只讲解 post 异步请求的使用方法，代码如下。

```
1    //post 异步请求方法
2    public void postDataWithParam() {
3        OkHttpClient client = new OkHttpClient();                //创建 OkHttpClient 对象
4        FormBody.Builder formBody = new FormBody.Builder();      //创建表单请求体
5        formBody.add("username","zhangsan");                     //传递键-值对参数
6        Request request = new Request.Builder()                  //创建 Request 对象
7                .url("http://www.baidu.com")
8                .post(formBody.build())                          //传递请求体（表单）
9                .build();
10       client.newCall(request).enqueue(new Callback() {
11           @Override
12           public void onFailure(@NonNull Call call, @NonNull IOException e) {
13
14           }
15           @Override
16           public void onResponse(@NonNull Call call, @NonNull Response response) throws
IOException {
17               //省略
```

```
19        //；//回构方法的使用于g++行3项4 out
20    }
```

相比 get 请求，在 Request.Builder 对象中多了 post()方法（Request.Builder 对象创建默认是 get()方法，所以在 get 请求中不需要添加 get()方法）。上述代码在 post 请求使用方法中使用了一种传递参数的方法，就是创建表单请求体对象，然后把表单请求体对象作为 post()方法的参数（代码第 4 行、5 行和 8 行）。

post 请求传递参数的方法有很多种，都是通过 post()方法传递的。下面看一下 Request.Builder 类的 post()方法的声明，具体代码如下。

```
1    public Builder post(RequestBody body)
```

由方法的声明可以看出，post()方法接收的参数是 RequestBody 对象，所以只要是 RequestBody 类以及子类对象都可以当作参数进行传递。FormBody 就是 RequestBody 的一个子类对象。上述代码就是使用 FormBody 传递键-值对参数。

RequestBody 是抽象类，故不能直接使用，但是它有静态方法 create()，使用这个方法可以得到 RequestBody 对象。通过这种方式可以上传 JSON 对象或 File 对象。

上传 JSON 对象，代码如下。

```
1    //使用 RequestBody 传递 JSON 对象
2    public void postDataWithParamJSON(){
3        OkHttpClient client = new OkHttpClient();      //创建 OkHttpClient 对象
4        MediaType mediaType = MediaType.parse("application/json; charset=utf-8");//数据类
型为 JSON 格式
5        String json = "{\"username\":\"lisi\",\"nickname\":\"李四\"}";//JSON 数据
6        RequestBody body = RequestBody.create(json,mediaType);
7        Request request = new Request.Builder()
8                .url("http://www.baidu.com")
9                .post(body)
10               .build();
11        client.newCall(request).enqueue(new Callback() {
12            @Override
13            public void onFailure(@NonNull Call call, @NonNull IOException e) {
14
15            }
16
17            @Override
18            public void onResponse(@NonNull Call call, @NonNull Response response) throws
IOException {
19                //省略
20            }
21        });
22    }
```

上传 File 类的对象，具体代码如下。

```
1    //使用 RequestBody 传递 File 对象
2    public void postDataWithParamFile(){
3        OkHttpClient client = new OkHttpClient();      //创建 OkHttpClient 对象
4        MediaType fileType = MediaType.parse("image/jpeg; charset=utf-8");//数据类型为 file
（图片格式）
5        File file = new File("path");                 //file 对象
6        RequestBody body = RequestBody.create(file,fileType);
7        Request request = new Request.Builder()
8                .url("http://www.baidu.com")
9                .post(body)
10               .build();
```

```
11        client.newCall(request).enqueue(new Callback() {
12            @Override
13            public void onFailure(@NonNull Call call, @NonNull IOException e) {
14
15            }
16
17            @Override
18            public void onResponse(@NonNull Call call, @NonNull Response response) throws
IOException {
19                //省略
20            }
21        });
22    }
```

5.3.3 Handler 消息机制

1. Handler 简介

Handler 是 Android 提供用来更新 UI 的一套机制，也是一套消息处理机制，可以通过它发消息，也可以通过它处理消息。

Handler 最根本的目的是为了解决多线程并发的问题。例如，如果在一个 activity 中有多个线程，并且没有加锁，就会出现界面错乱的问题；但是如果对这些更新 UI 的操作都加锁处理，又会导致性能下降。出于对性能的考虑，Android 提供这套更新 UI 的机制，开发人员只需要遵循这套机制，而不用再去关心多线程的问题，所有的更新 UI 的操作，都是在主线程的消息队列中去轮询的。

Android 消息机制主要是指 Handler 的运行机制，Handler 运行需要底层的 MessageQueue 和 Looper 支撑，它把消息发送给 Looper 管理的 MessageQueue，并负责处理 Looper 分发给它的消息。其中 MessageQueue 采用的是单链表的结构，Looper 可以叫作消息循环。由于 MessageQueue 只是一个消息存储单元，不能去处理消息，而 Looper 就是专门用来处理消息的，Looper 会以无限循环的形式去查找是否有新消息，如果有的话就处理，否则就一直等待。

Handler 创建时会采用当前线程的 Looper 来构造消息循环系统，需要注意的是，线程默认是没有 Looper 的，如果需要使用 Handler 就必须为线程创建 Looper，因为默认的 UI 主线程，也就是 ActivityThread 被创建时就会初始化 Looper，这也是在主线程中默认可以使用 Handler 的原因。

Handler 的通信机制如下。

❖ 创建 Handler，并采用当前线程的 Looper 创建消息循环系统。

❖ Handler 通过 sendMessage(Message)或 Post(Runnable)发送消息，调用 enqueueMessage()方法把消息插入消息链表中。

❖ Looper 循环检测消息队列中的消息，若有消息则取出该消息，并调用该消息持有的 Handler 的 dispatchMessage()方法，回调到创建 Handler 线程中重写的 handleMessage()方法里执行。

2. Handler 使用

使用 Handler 进行消息处理的开发步骤如下。

（1）在 UI 线程中创建 Handler 对象 handler，并实现 handleMessage()方法，根据 Message 的 what 值进行不同的处理操作。

（2）创建 Message 对象，根据需要设置 Message 的参数，Message.what 一般都是必要的，当然除了这些简单的数据外，还可以设置携带复杂数据、其 obj 字段类型为 Object 类型、可以为任意类类型的数据。也可以通过 Message 的 setData()方法设置 Bundle 类型的数据，可以通过 getData()方法获取该 Bundle 数据，如图 5-12 所示。

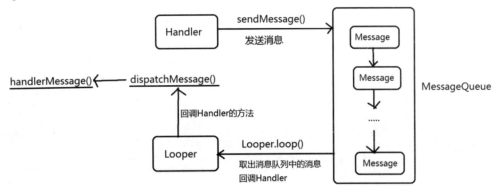

图 5-12　Handler 通信机制

（3）handler.sendMessage(Message)方法将 Message 传入 Handler 中的消息队列中，然后在 handleMessage 中对消息进行处理。

具体代码如下（在 5.3.2 节 OkHttp 的示例代码中进行添加修改）。

```
1   public class MainActivity extends AppCompatActivity {
2       private TextView textView;
3       private Button button;
4
5       @Override
6       protected void onCreate(Bundle savedInstanceState) {
7           super.onCreate(savedInstanceState);
8           setContentView(R.layout.activity_main);
9           textView = (TextView) findViewById(R.id.text);
10          button = (Button) findViewById(R.id.button);
11          button.setOnClickListener(new View.OnClickListener() {
12              @Override
13              public void onClick(View view) {
14                  getDataAsync();                          //调用网络请求
15              }
16          });
17      }
18
19      //1.在 UI 线程中创建 Handler 对象 mHandler，并实现 handleMessage()方法，根据 Message 的 what
    值进行不同的处理操作
20      private Handler mHandler = new Handler(){
21          @Override
22          public void handleMessage(@NonNull Message msg) {
23              super.handleMessage(msg);
24              switch (msg.what){
25                  case 1:
26                      textView.setText((String)msg.obj);    //得到传递的数据更新 UI
27                      break;
28              }
29          }
30      };
31
32      //get 异步请求方法
33      public void getDataAsync() {
```

```
34          OkHttpClient client = new OkHttpClient();
35          Request request = new Request.Builder()
36                  .url("https://gank.io/api/v2/banners")
37                  .build();
38      client.newCall(request).enqueue(new Callback() {
39          @Override
40          public void onFailure(Call call, IOException e) {
41
42          }
43          @Override
44          public void onResponse(Call call, Response response) throws IOException {
45              if (response.isSuccessful()) {//回调的方法执行在子线程
46                  //此时的代码执行在子线程,修改 UI 的操作请使用 Handler 跳转到 UI 线程
47                  //2.创建 Message 对象,根据需要设置 Message 的参数:Message.what 和
Message.obj
48                  Message message = new Message();
49                  //与 Handler 对象中的 handlerMessage()方法中的 switch 语句中的 case 对应
50                  //规范操作可通过整型常量来统一管理
51                  message.what = 1;
52                  //把服务器端响应的数据转换为字符串通过 obj 来传递
53                  message.obj = response.body().string();
54                  //3.将 message 加入消息队列中
55                  handler.sendMessage(message);
56              }
57          }
58      });
59      }
60  }
```

单击 BUTTON 按钮之后，如图 5-13 所示。

5.3.4　图片加载库 Glide

1. Glide 简介

Glide 是一个快速高效的 Android 图片加载库，注重于平滑的滚动。Glide 提供了易用的 API、高性能且可扩展的图片解码管道（decode pipeline）以及自动的资源池技术。

Glide 支持拉取、解码和展示视频快照、图片和 GIF动画。Glide 的 API 是相当灵活的，开发者甚至可以插入和替换成自己喜爱的任何网络栈。默认情况下，Glide 使用的是一个定制化的基于 HttpUrlConnection 的栈，但同时也提供了与 Google Volley 和 Square OkHttp 快速集成的工具库。

虽然 Glide 的主要目标是让任何形式的图片列表的滚动尽可能地变得更快、更平滑，但实际上，Glide 几乎能满足对远程图片的拉取/缩放/显示的一切需求。

2. Glide 使用

使用 Glide 需要选择 app→build.gradle 命令，并在里面添加依赖，具体代码如下。

图 5-13　Handler 运行结果

```
1   implementation 'com.github.bumptech.glide:glide:4.9.0'
```

Glide 使用简明的流式语法 API，允许在大部分情况下一行代码完成需求，一个完整的请求至少需要 3 个参数，具体代码如下。

```
1  Glide.with(context)
2      .load(url)
3      .into(imageView);
```

说明如下。

❖　with(Context context)：需要上下文，这里还可以使用 Activity 和 Fragment 的对象。将 Activity/Fragment 对象作为参数的好处是，图片的加载会和 Activity/Fragment 的生命周期保持一致。例如，onPaused 时暂停加载，onResume 时又会自动重新加载。所以在传递参数的时候建议使用 Activity/Fragment 对象，而不是 Context。

❖　load(String url)：显示图片的 URL。

❖　into(ImageView imageView)：需要显示图片的控件 ImageView。

2）占位图设置

偶尔出现图片加载慢或者加载不出来的情况是再所难免的，所以为了 UI 能好看一些，可以使用占位图。Glide 提供了相应的方法 placeHolder()和 error()，具体代码如下。

```
1  Glide.with(context)
2      .load(url)
3      .placeholder(R.drawable.place_image)    //图片加载出来前，显示的图片
4      .error(R.drawable.error_image)          //图片加载失败后，显示的图片
5      .into(imageView);
```

说明：这里需要注意一点，placeholder()和 error()的参数都是只支持 int 和 Drawable 类型的参数，这种设计是因为使用本地图片比网络图片更加合适做占位图。

3）缩略图

Glide 的缩略图和占位图略有不同，占位图必须使用资源文件才行，而缩略图是动态的占位图，可以从网络中加载。缩略图会在实际请求加载完成或者处理完之后才显示。在原始图片到达之后，缩略图不会取代原始图片，只会被抹除。

使用缩略图比较简单的方式是调用 thumbnail()方法，参数是 float 类型，作为其倍数大小。例如，传入 0.2f 作为参数，Glide 将会显示原始图片的 20%的大小，如果原图是 1000×1000 的尺寸，那么缩略图将会是 200×200 的尺寸。为使缩略图看起来明显比原图小得多，需要确保 ImageView 的 ScaleType 设置的正确，具体代码如下。

```
1  Glide.with(context)
2      .load(url)
3      .thumbnail(0.2f)
4      .into(imageView);
```

4）图片大小和裁剪

Glide 提供了 override(width, height)方法，在图片显示到 ImageView 之前，重新改变图片大小。

在设置图片到 ImageView 时，为了避免图片被挤压失真，ImageView 本身提供了 ScaleType 属性，可以控制图片显示时的方式。Glide 也提供了两个类似的方法，即 CenterCrop()和 FitCenter()。CenterCrop()方法是将图片按比例缩放到足以填充 ImageView 的尺寸，但是图片可能会显示不完整；而 FitCenter()方法则是图片缩放到小于等于 ImageView 的尺寸，这样图片是

显示完整了，但是 ImageView 就可能不会填满了，具体代码如下。

```
1    Glide.with(context)
2        .load(url)
3        .override(width,height)//这里的单位是px
4        .into(imageView);
```

其实 Glide 的 CenterCrop()和 FitCenter()这两个方法分别对应 ImageView 的 ScaleType 属性中的 CENTER_CROP 和 FIT_CENTER。

5）在 ListView 和 RecyclerView 中的使用

在 ListView 或 RecyclerView 中加载图片的代码和在单独的 View 中加载完全一样。Glide 已经自动处理了 View 的复用，具体代码如下。

```
1    @Override
2    public void onBindViewHolder(ViewHolder holder, int position) {
3        String url = urls.get(position);
4        Glide.with(fragment)
5            .load(url)
6            .into(holder.imageView);
7    }
```

对 URL 进行 null 检验并不是必须的，如果 URL 为 null，Glide 会清空 View 的内容，或者显示 placeholder Drawable 或 fallback Drawable 的内容。

Glide 唯一的要求是，对于任何可复用的 View 或 Target，如果它们在之前的位置上，用 Glide 进行过加载操作，那么在新的位置上要去执行一个新的加载操作，或调用 clear() API 停止 Glide 的工作，具体代码如下。

```
1    @Override
2    public void onBindViewHolder(ViewHolder holder, int position) {
3        if (isImagePosition(position)) {
4            String url = urls.get(position);
5            Glide.with(fragment)
6                .load(url)
7                .into(holder.imageView);
8        } else {
9            Glide.with(fragment).clear(holder.imageView);
10           holder.imageView.setImageDrawable(specialDrawable);
11       }
12   }
```

对 View 调用 clear()或 into(View)，表明在此之前的加载操作会被取消，并且在方法调用完成后，Glide 不会改变 View 的内容。如果忘记调用 clear()，而又没有开启新的加载操作，那么就会出现这种情况：已经为一个 View 设置好了一个 Drawable，但该 View 在之前的位置上使用 Glide 进行过加载图片的操作，Glide 加载完毕后可能会将这个 View 改回成原来的内容。

上述代码以 RecyclerView 的使用为例，但规则同样适用于 ListView。

5.3.5 SwipeRefreshLayout

1. SwipeRefreshLayout 简介

SwipeRefreshLayout 是 Google 官方推出的一款下拉刷新组件，位于 v4 兼容包下，android.support.v4.widget.SwipeRefreshLayout，Support Library 必须 19.1 以上。

SwipeRefreshLayout 可以与 ListView、RecycleView、GridView 等列表控件配合使用，而且

表 5-1　SwipeRefreshLayout 的常用方法

方　　法	说　　明
setColorSchemeResources(int…colorReslds)	设置下拉进度条的颜色主题，参数可变，并且是资源 ID，最多设置 4 种不同的颜色
setProgressBackgroundSchemeResource(int coloRes)	设置下拉进度条的背景颜色，默认为白色
isRefreshing()	判断当前的状态是否是刷新状态
setOnRefreshListener(SwipeRefreshLayout.OnRefreshListener listener)	设置监听，需要重写 onRefresh()方法，顶部下拉时会调用这个方法，该方法还可以实现在里面请求数据的逻辑，设置下拉进度条消失等操作
setRefreshing(boolean refreshing)	设置刷新状态，true 表示正在刷新，false 表示取消刷新

2. SwipeRefreshLayout 使用

使用 SwipeRefreshLayout 实现下拉刷新的开发步骤如下。

（1）添加依赖。

使用 SwipeRefreshLayout 需要选择 app→build.gradle 命令，并在里面添加依赖，具体代码如下。

```
1    implementation "androidx.swiperefreshlayout:swiperefreshlayout:1.0.0"
```

（2）设置布局。

官方文档中说明了 SwipeRefreshLayout 只能有一个子控件，只需包含一个列表控件即可，布局文件，具体代码如下（代码 7 行到 16 行）。

```
1    <?xml version="1.0" encoding="utf-8"?>
2    <androidx.constraintlayout.widget.ConstraintLayout xmlns:android="http://schemas.
android.com/apk/res/android"
3        xmlns:tools="http://schemas.android.com/tools"
4        android:layout_width="match_parent"
5        android:layout_height="match_parent"
6        tools:context="com.example.swiperefresh.SwiperRefreshActivity">
7        <androidx.swiperefreshlayout.widget.SwipeRefreshLayout
8            android:layout_width="match_parent"
9            android:layout_height="match_parent"
10           android:id="@+id/swipeRefreshLayout">
11       <ListView
12               android:layout_width="match_parent"
13               android:layout_height="match_parent"
14               android:id="@+id/listview">
15       </ListView>
16       </androidx.swiperefreshlayout.widget.SwipeRefreshLayout>
17   </androidx.constraintlayout.widget.ConstraintLayout>
```

（3）修改代码。

在该布局文件对应的 Activity 或其他类中获取布局 ID，先设置 ListView 显示的适配器，然后再设置 SwipeRefreshLayout，代码如下。

```
1    public class SwipeRefreshActivity extends AppCompatActivity {
2        private SwipeRefreshLayout swipeRefreshLayout;
3        private ListView listView;
4        //刷新状态
5        private boolean isRefresh = false;
6        //ListView 中的数据
7        private ArrayList<String> data;
```

```
8          //ListView 的适配器
9          private ArrayAdapter<String> adapter;
10
11         @Override
12         protected void onCreate(Bundle savedInstanceState) {
13             super.onCreate(savedInstanceState);
14             setContentView(layout.activity_swipe_refresh);
15             //分别调用初始化 SwipeRefreshLayout()和 ListView()方法
16             initSwipeRefreshLayout();
17             initListView();
18         }
19
20         //初始化 SwipeRefreshLayout 并进行常用的设置，添加下拉刷新的监听
21         private void initSwipeRefreshLayout(){
22             //获取 SwipeRefreshLayout 控件
23             swipeRefreshLayout = findViewById(R.id.swipeRefreshLayout);
24             //设置下拉进度条的颜色主题
25             swipeRefreshLayout.setColorSchemeColors(Color.RED,Color.GREEN,Color.BLUE,
Color.YELLOW);
26             //设置下拉进度条的背景颜色
27             swipeRefreshLayout.setProgressBackgroundColorSchemeColor(Color.GRAY);
28             //设置手指在屏幕下拉多少距离会触发下拉刷新
29             swipeRefreshLayout.setDistanceToTriggerSync(300);
30             //设置圆圈的大小
31             swipeRefreshLayout.setSize(SwipeRefreshLayout.LARGE);
32
33             //设置下拉刷新的监听
34             swipeRefreshLayout.setOnRefreshListener(new SwipeRefreshLayout.
OnRefreshListener() {
35                 @Override
36                 public void onRefresh() {
37                     //检查是否处于刷新状态
38                     if (!isRefresh){
39                         isRefresh = true;
40                         //模拟加载网络数据，这里设置4s，正好能看到4色进度条
41                         //Handler 中的 postDelayed()方法可以进行延迟操作，类似于定时器的操作，间隔
一定时间调用 Runnable 对象
42                         //这里实现定时刷新 UI，查看列表中数据的变化
43                         new Handler().postDelayed(new Runnable() {
44                             public void run() {
45                                 //显示或隐藏刷新进度条
46                                 swipeRefreshLayout.setRefreshing(false);
47                                 //修改 adapter 的数据
48                                 data.add("这是新添加的数据");
49                                 adapter.notifyDataSetChanged();
50                                 //设置刷新状态
51                                 isRefresh = false;
52                             }
53                         }, 4000);
54                     }
55                 }
56             });
57         }
58
59         //初始化 ListView，给列表添加数据及适配器
60         private void initListView(){
61             //获取 ListView 控件
62             listView = findViewById(R.id.listview);
63
```

```
65          data = new ArrayList<>();
66          for (int i = 0; i < 10; i++) {
67              data.add("第"+(i+1)+"行数据");
68          }
69          //设置适配器
70          adapter = new ArrayAdapter<String>(SwipeRefreshActivity.this, android.R.
    layout.simple_list_item_1,data);
71          //给列表添加适配器
72          listView.setAdapter(adapter);
73      }
74  }
```

5.3.6　WebView

1．WebView 简介

WebView 是一个基于 webkit 引擎、展现 Web 页面的控件。Android 的 WebView 在低版本和高版本采用了不同的 webkit 版本内核，4.4 后直接使用了 Chrome。WebView 控件功能强大，除了具有一般 View 的属性和设置外，还可以对 URL 请求、页面加载、渲染、页面交互进行强大的处理。

2．WebView 的常用方法

1）WebView 的状态

```
1   //激活 WebView 为活跃状态，能正常执行网页的响应
2   webView.onResume();
3   //当页面失去焦点被切换到后台为不可见状态时，需要执行 onPause
4   //通过 onPause 动作通知内核暂停所有的动作，如 DOM 的解析、plugin 的执行、JavaScript 的执行
5   webView.onPause();
6   //当应用程序（存在 WebView）被切换到后台时，这个方法不仅仅针对当前的 WebView 而是针对全局的全应用程序
    的 WebView
7   //它会暂停所有 WebView 的 layout、parsing、javascripttimer，降低 CPU 功耗
8   webView.pauseTimers()
9   //恢复 pauseTimers 状态
10  webView.resumeTimers();
11  //销毁 WebView
12  //在关闭了 Activity 时，如果 WebView 的音乐或视频还在播放，就必须销毁 WebView
13  //但是注意：Webview 调用 destroy()方法时，WebView 仍绑定在 Activity 上
14  //这是由于自定义 WebView 构建时传入了该 Activity 的 context 对象
15  //因此需要先从父容器中移除 WebView，然后再销毁 WebView
16  rootLayout.removeView(webView);
17  webView.destroy();
```

2）前进、后退网页

```
1   //是否可以后退
2   webView.canGoBack()
3   //后退网页
4   webView.goBack()
5   //是否可以前进
6   webView.canGoForward()
7   //前进网页
8   webView.goForward()
9   //以当前的 index 为起始点前进或者后退到历史记录中指定的 steps
10  //如果 steps 为负数则为后退，正数则为前进
11  webView.goBackOrForward(intsteps)
```

3）清除缓存数据

```
1   //清除网页访问留下的缓存
2   //由于内核缓存是全局的，因此这个方法不仅仅针对 WebView 而是针对整个应用程序
3   Webview.clearCache(true);
4   //清除当前 Webview 访问的历史记录
5   //除当前 WEBVIEW 访问的历史记录外还将清除个该前的访问记录
6   Webview.clearHistory();
7   //这个 API 仅仅清除自动完成填充的表单数据，并不会清除 WebView 存储到本地的数据
8   Webview.clearFormData();
```

3. WebView 的常用类

1）WebSetting 类

WebView 类的作用主要用于对 WebView 进行配置和管理，配置步骤如下。

（1）添加访问网络权限（AndroidManifest.xml），具体代码如下。

```
1   <uses-permission android:name="android.permission.INTERNET"/>
```

（2）生成一个 WebView 组件（有两种方式），具体代码如下。

```
1   //方式1: 直接在 Activity 中生成
2   WebView webView = new WebView(this)
3
4   //方法2: 在 Activity 的 layout 文件里添加 WebView 控件
5   WebView webview = (WebView) findViewById(R.id.webView1);
```

（3）利用 WebSettings 子类进行配置，具体代码如下。

```
1   //声明 WebSettings 子类
2   WebSettings webSettings = webView.getSettings();
3   //如果访问的页面要与 JavaScript 交互，则 WebView 必须设置支持 JavaScript
4   webSettings.setJavaScriptEnabled(true);
5   //支持插件
6   webSettings.setPluginsEnabled(true);
7   //设置自适应屏幕，两者合用
8   webSettings.setUseWideViewPort(true);  //将图片调整到适合 WebView 的大小
9   webSettings.setLoadWithOverviewMode(true);  //缩放至屏幕的大小
10  //缩放操作
11  webSettings.setSupportZoom(true);  //支持缩放，默认为 true。是设置内置的缩放控件的前提
12  webSettings.setBuiltInZoomControls(true);  //设置内置的缩放控件。若为 false，则该 WebView 不可
缩放
13  webSettings.setDisplayZoomControls(false);  //隐藏原生的缩放控件
14
15  webSettings.setCacheMode(WebSettings.LOAD_CACHE_ELSE_NETWORK);  //关闭 WebView 中的缓存
16  webSettings.setAllowFileAccess(true);  //设置可以访问文件
17  webSettings.setJavaScriptCanOpenWindowsAutomatically(true);   //支持通过 JavaScript 打开新
窗口
18  webSettings.setLoadsImagesAutomatically(true);  //支持自动加载图片
19  webSettings.setDefaultTextEncodingName("utf-8");//设置编码格式
```

2）WebViewClient 类

WebViewClient 类主要用于处理各种通知和请求事件。

（1）shouldOverrideUrlLoading()（常用方法）。

作用：打开网页时不调用系统浏览器，而是在本 WebView 中显示；在网页上的所有加载都经过此方法，具体代码如下。

```
1   //步骤1. 定义 Webview 组件
2   Webview webview = (WebView) findViewById(R.id.webView1);
```

```
4    //步骤2：选择加载方式
5    //方式1. 加载一个网页：
6    webView.loadUrl("http://www.google.com/");
7
8    //方式2：加载 APK 包中的 HTML 页面
9    webView.loadUrl("file:///android_asset/test.html");
10
11   //方式3：加载手机本地的 HTML 页面
12   webView.loadUrl("content://com.android.htmlfileprovider/sdcard/test.html");
13
14   //步骤3. 重写 shouldOverrideUrlLoading()方法，使得打开网页时不调用系统浏览器，而是在本 WebView 中显示
15   webView.setWebViewClient(new WebViewClient(){
16       @Override
17       public boolean shouldOverrideUrlLoading(WebView view, String url) {
18           view.loadUrl(url);
19         return true;
20       }
21   });
```

（2）onPageStarted()。

作用：开始载入页面调用，可以设定一个 loading 的页面，告诉用户程序在等待网络响应，具体代码如下。

```
1    webView.setWebViewClient(new WebViewClient(){
2        @Override
3        public void  onPageStarted(WebView view, String url, Bitmap favicon) {
4            //设定加载开始的操作
5        }
6    });
```

（3）onPageFinished()。

作用：在页面加载结束时调用，可以关闭 loading 条，切换程序动作，具体代码如下。

```
1    webView.setWebViewClient(new WebViewClient(){
2        @Override
3        public void onPageFinished(WebView view, String url) {
4            //设定加载结束的操作
5        }
6    });
```

（4）onLoadResource()。

作用：在加载页面资源时会调用，每一个资源（如图片）的加载都会调用一次，具体代码如下。

```
1    webView.setWebViewClient(new WebViewClient(){
2        @Override
3        public boolean onLoadResource(WebView view, String url) {
4            //设定加载资源的操作
5        }
6    });
```

（5）onReceivedSslError()。

作用：处理 HTTPS 请求。WebView 默认是不处理 HTTPS 请求的，页面显示空白，需要进行如下设置，具体代码如下。

```
1    webView.setWebViewClient(new WebViewClient() {
2        @Override
```

```
3        public void onReceivedSslError(WebView view, SslErrorHandler handler, SslError
error) {
4            handler.proceed();                      //表示等待证书响应
5            handler.cancel();                       //表示挂起连接，为默认方式
6            handler.handleMessage(null);            //可做其他处理
7        }
8    });
```

3）WebChromeClient 类

作用：辅助 WebView 处理 JavaScript 的对话框、网站图标、网站标题等。

常用方法如下。

（1）onProgressChanged()。

作用：获得网页的加载进度并显示。

（2）onReceivedTitle()。

作用：获取 Web 页中的标题，具体代码如下。

```
1    webview.setWebChromeClient(new WebChromeClient(){
2        @Override
3        public void onProgressChanged(WebView view, int newProgress) {
4            if (newProgress < 100) {
5                String progress = newProgress + "%";
6                progress.setText(progress);
7            } else {
8
9            }
10       }
11       @Override
12       public void onReceivedTitle(WebView view, String title) {
13           titleview.setText(title);
14       }
15   });
```

4. WebView 的使用

使用 WebView 的开发步骤如下。

（1）添加网络访问权限，在 AndroidManifest.xml 中添加，具体代码如下。

```
1    <uses-permission android:name="android.permission.INTERNET"/>
```

（2）修改布局文件，在布局文件中添加 WebView 控件，具体代码如下（代码 36 行到 41 行）。

```
1    <?xml version="1.0" encoding="utf-8"?>
2    <RelativeLayout xmlns:android="http://schemas.android.com/apk/res/android"
3        xmlns:app="http://schemas.android.com/apk/res-auto"
4        xmlns:tools="http://schemas.android.com/tools"
5        android:layout_width="match_parent"
6        android:layout_height="match_parent"
7        tools:context="com.example.webview.WebviewActivity">
8        <!--获取网站的标题-->
9        <TextView
10           android:id="@+id/title"
11           android:layout_width="wrap_content"
12           android:layout_height="wrap_content"
13           android:text=""/>
14       <!--开始加载提示-->
15       <TextView
16           android:id="@+id/text_beginLoading"
```

```
18          android:layout_ueitl=""
19          android:layout_height="wrap_content"
20          android:text=""/>
21      <!--获取加载进度-->
22      <TextView
23          android:layout_below="@+id/text_beginLoading"
24          android:id="@+id/text_Loading"
25          android:layout_width="wrap_content"
26          android:layout_height="wrap_content"
27          android:text=""/>
28      <!--结束加载提示-->
29      <TextView
30          android:layout_below="@+id/text_Loading"
31          android:id="@+id/text_endLoading"
32          android:layout_width="wrap_content"
33          android:layout_height="wrap_content"
34          android:text=""/>
35      <!--显示网页区域-->
36      <WebView
37          android:id="@+id/webView"
38          android:layout_below="@+id/text_endLoading"
39          android:layout_width="fill_parent"
40          android:layout_height="fill_parent"
41          android:layout_marginTop="10dp" />
42  </RelativeLayout>
```

（3）修改代码。

在该布局文件对应的 Activity 或其他类中获取布局 ID，根据需要实现的功能从而使用相应的子类及其方法，具体代码如下。

```
1   public class WebviewActivity extends AppCompatActivity {
2       private WebView webview;
3       private TextView beginLoading,endLoading,loading, title;
4
5       @Override
6       protected void onCreate(Bundle savedInstanceState) {
7           super.onCreate(savedInstanceState);
8           setContentView(R.layout.activity_webview);
9
10          webview = findViewById(R.id.webView);
11          beginLoading = findViewById(R.id.text_beginLoading);
12          endLoading = findViewById(R.id.text_endLoading);
13          loading = findViewById(R.id.text_Loading);
14          title = findViewById(R.id.title);
15
16          webview.loadUrl("http://www.baidu.com/");
17
18          //设置 WebViewClient 类
19          webview.setWebViewClient(new WebViewClient() {
20              //设置不用系统浏览器打开，直接显示在当前 Webview
21              @Override
22              public boolean shouldOverrideUrlLoading(WebView view, String url) {
23                  view.loadUrl(url);
24                  return true;
25              }
26              //设置加载前的函数
```

```
27          @Override
28          public void onPageStarted(WebView view, String url, Bitmap favicon) {
29              beginLoading.setText("开始加载了");
30          }
31          //设置结束加载函数
32          @Override
33          public void onPageFinished(WebView view, String url) {
34              endLoading.setText("结束加载了");
35          }
36      });
37
38      //设置 WebChromeClient 类
39      webview.setWebChromeClient(new WebChromeClient() {
40          //获取网站标题
41          @Override
42          public void onReceivedTitle(WebView view, String title) {
43              WebviewActivity.this.title.setText(title);
44          }
45          //获取加载进度
46          @Override
47          public void onProgressChanged(WebView view, int newProgress) {
48              if (newProgress < 100) {
49                  String progress = newProgress + "%";
50                  loading.setText(progress);
51              } else if (newProgress == 100) {
52                  String progress = newProgress + "%";
53                  loading.setText(progress);
54              }
55          }
56      });
57  }
58
59  //单击返回上一页面而不是退出浏览器
60  @Override
61  public boolean onKeyDown(int keyCode, KeyEvent event) {
62      if (keyCode == KeyEvent.KEYCODE_BACK && webview.canGoBack()) {
63          webview.goBack();
64          return true;
65      }
66      return super.onKeyDown(keyCode, event);
67  }
68
69  //销毁 WebView
70  @Override
71  protected void onDestroy() {
72      super.onDestroy();
73      if (webview != null) {
74          webview.loadDataWithBaseURL(null, "", "text/html", "utf-8", null);
75          webview.clearHistory();
76
77          ((ViewGroup) webview.getParent()).removeView(webview);
78          webview.destroy();
79          webview = null;
80      }
81  }
82 }
```

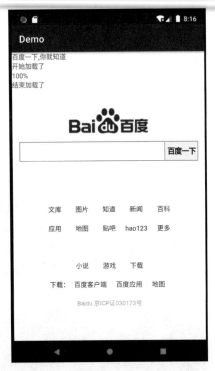

图 5-14　WebView 项目运行结果

5.4　项　目　实　战

5.4.1　项目搭建及绑定 Git 远程仓库

视频讲解

1．知识点

（1）版本控制工具 Git。

（2）网络安全配置。

2．任务要求

（1）新建项目并与远程仓库进行绑定。

（2）进行网络安全配置。

3．操作流程

（1）创建新的项目，项目名称为 gank。

（2）在 https://gitee.com（码云网站）新建仓库，仓库名称为 gank，仓库为开源，后续的选项：初始化仓库、设置模板、选择分支类型均可不选择，最终的仓库是空仓库，如图 5-15 所示。

（3）在 Android Studio 下面的 Terminal 中输入 git 的命令把本地项目初始化为 Git 仓库并与 Gitee 的远程仓库进行绑定，如图 5-16 所示。

图 5-15　gitee 默认新建项目的页面

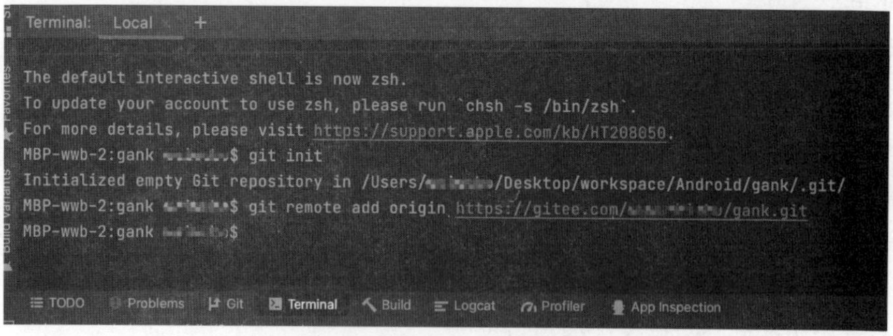

图 5-16　Android Studio 的 Terminal 界面

（4）在 Terminal 中执行 git 的命令给仓库里面添加内容并推送到远程仓库，具体代码如下。

```
1    git add .
2    git commit -m '初始化项目'
3    git push origin master
```

（5）在项目的 AndroidManifest.xml 中添加网络的权限，具体代码如下。

```
1    <uses-permission android:name="android.permission.INTERNET"/>
```

① 在 res 下面新建 xml 文件夹，在此目录下创建网络配置文件 network-security-config.xml，具体代码如下。

```
1    <?xml version="1.0" encoding="utf-8"?>
2    <network-security-config>
3        <base-config cleartextTrafficPermitted="true" />
4    </network-security-config>
```

② 在 AndroidManifest.xml 中的 application 中添加 android:networkSecurityConfig="@xml/network_security_config"，具体代码如下。

```
1    <?xml version="1.0" encoding="utf-8"?>
2    <manifest xmlns:android="http://schemas.android.com/apk/res/android"
3        package="com.example.gank">
4     <uses-permission android:name="android.permission.INTERNET" />
5      <application
6        ...
7            android:networkSecurityConfig="@xml/network_security_config">
8            ...
9      </application>
10   </manifest>
```

（6）在 Terminal 中执行 git 的命令把进行网络安全配置的内容添加到 git 仓库并推送到远程仓库。在这个过程中借助 git 的分支管理，不同的分支代表不同的项目开发进度。分支的名称规范为 4-1、4-2 等，4 代表项目 4，1 代表进度的序号，具体代码如下。

```
1    git branch 4-1
2    git checkout 4-1
3    git add .
4    git commit -m '添加网络安全配置'
5    git push origin 4-1
```

5.4.2　OkHttp 封装及使用

视频讲解

1. 知识点

OkHttp 网络请求框架。

2. 任务要求

（1）封装 OkHttp 工具类。

（2）测试 OkHttp 工具类。

3. 操作流程

（1）选择 app→build.gradle 命令，并在里面添加依赖，具体代码如下。

```
1    implementation("com.squareup.okhttp3:okhttp:4.9.0")
```

（2）在 java 目录下面新建一个包 util，用于存放各种工具类。在 util 目录下面新建一个类 OkHttpUtil，该类用于对 OkHttp 的封装，具体代码如下。

```
1    public class OkHttpUtil {
2        private static OkHttpClient okHttpClient;
3        private static OkHttpUtil instance;
4
5        //私有的构造函数，创建 OkHttpClient 对象，但是不能被实例化
6        private OkHttpUtil(){
```

```
7           OkHttpClient.Builder builder = new OkHttpClient.Builder();
8           builder.connectTimeout(20, TimeUnit.SECONDS)
9                   .readTimeout(60,TimeUnit.SECONDS)
10                  .writeTimeout(60,TimeUnit.SECONDS);
11          okHttpClient = builder.build();
12      }
13
14      //单例设计模式，得到实例化的对象
15      public static OkHttpUtil getInstance(){
16          if (instance == null){
17              synchronized ( OkHttpUtil.class){
18                  instance = new OkHttpUtil();
19              }
20          }
21          return instance;
22      }
23
24      //发送 get 异步请求的方法
25      public void sendGetRequest(String url,final OkHttpInterface okHttpInterface){
26          Request request = new Request.Builder().url(url).build();
27          okHttpClient.newCall(request).enqueue(new Callback() {
28              @Override
29              public void onFailure(@NotNull Call call, @NotNull IOException e) {
30                  okHttpInterface.failure(call, e);
31              }
32
33              @Override
34              public void onResponse(@NotNull Call call, @NotNull Response response)
throws IOException {
35                  okHttpInterface.success(call, response);
36              }
37          });
38
39      }
40
41      //回调接口，包含请求成功和失败两个方法
42      public interface OkHttpInterface{
43          void failure(Call call,IOException e);
44          void success(Call call,Response response);
45      }
46  }
```

（3）修改 MainActivity，在里面添加代码对 OkHttpUtil 进行测试，具体代码如下。

```
1   public class MainActivity extends AppCompatActivity {
2
3       @Override
4       protected void onCreate(Bundle savedInstanceState) {
5           super.onCreate(savedInstanceState);
6           setContentView(R.layout.activity_main);
7           //测试 OkHttpUtil
8           OkHttpUtil.getInstance().sendGetRequest("https://gank.io/api/v2/banners",
new OkHttpUtil.OkHttpInterface() {
9               @Override
10              public void failure(Call call, IOException e) {
11
12              }
13
14              @Override
15              public void success(Call call, Response response) {
16                  try {
```

```
17        String data = response.body().string();
```

```
20
21            }
22
23        }
24    });
25  }
26 }
```

输出结果，具体代码如下。

```
1    D/response: {"data":[{"image":"http://gank.io/images/cfb4028bfead41e8b6e34057364969d1",
"title":"\u5e72\u8d27\u96c6\u4e2d\u8425\u65b0\u7248\u66f4\u65b0","url":"https://gank.io/
migrate_progress"},{"image":"http://gank.io/images/aebca647b3054757afd0e54d83e0628e",
"title":"- \u6625\u6c34\u521d\u751f\uff0c\u6625\u6797\u521d\u76db\uff0c\u6625\u98ce\u5341
\u91cc\uff0c\u4e0d\u5982\u4f60\u3002","url":"https://gank.io/post/5e51497b6e7524f833c3f7a8"},
{"image":"https://pic.downk.cc/item/5e7b64fd504f4bcb040fae8f.jpg","title":"\u76d8\u70b9
\u56fd\u5185\u90a3\u4e9b\u514d\u8d39\u597d\u7528\u7684\u56fe\u5e8a","url":"https://gank.io/
post/5e7b5a8b6d2e518fdeab27aa"}],"status":100}
```

（4）在 Terminal 中执行 git 的命令把封装 OkHttp 工具类的内容添加到 Git 仓库并推送到远程仓库，使用的分支为 4-2，代码如下。

```
1  git branch 4-2
2  git checkout 4-2
3  git add .
4  git commit -m '添加okhttp工具类'
5  git push origin 4-2
```

5.4.3　布局列表页面的显示

视频讲解

1．知识点

RecyclerView 控件。

2．任务要求

（1）使用 RecyclerView 控件自定义布局，显示列表页面。

（2）根据 JSON 数据格式自定义实体类。

3．操作流程

（1）选择 app→build.gradle 命令，并在里面添加依赖，具体代码如下。

```
1    implementation "androidx.recyclerview:recyclerview:1.1.0"
```

修改 activity_main.xml 布局文件，添加 RecyclerView 控件，具体代码如下。

```
1   <?xml version="1.0" encoding="utf-8"?>
2   <androidx.constraintlayout.widget.ConstraintLayout xmlns:android="http://schemas.
android.com/apk/res/android"
3       xmlns:tools="http://schemas.android.com/tools"
4       android:layout_width="match_parent"
5       android:layout_height="match_parent"
6       tools:context=".MainActivity">
7
8       <LinearLayout
9           android:layout_width="match_parent"
10          android:layout_height="match_parent">
11          <androidx.recyclerview.widget.RecyclerView
```

```
12              android:layout_width="wrap_content"
13              android:layout_height="wrap_content"
14              android:id="@+id/recyclerview"
15              android:layout_margin="10dp">
16          </androidx.recyclerview.widget.RecyclerView>
17      </LinearLayout>
```

在 res 目录下的 layout 目录里新建 item_data.xml，实现列表项的布局文件。每个 item 界面左边是图片，右边分别是内容（标题）和时间，具体代码如下。

```
1   <?xml version="1.0" encoding="utf-8"?>
2   <LinearLayout xmlns:android="http://schemas.android.com/apk/res/android"
3       android:layout_width="match_parent"
4       android:layout_height="wrap_content"
5       android:orientation="horizontal">
6       <ImageView
7           android:id="@+id/item_image"
8           android:layout_width="80dp"
9           android:layout_height="80dp"
10          android:layout_margin="10dp"
11          android:src="@drawable/ic_launcher_background"/>
12      <LinearLayout
13          android:layout_width="match_parent"
14          android:layout_height="match_parent"
15          android:layout_margin="10dp"
16          android:orientation="vertical"
17          android:id="@+id/item_linerlayout">
18          <TextView
19              android:id="@+id/item_tv_content"
20              android:layout_weight="2"
21              android:layout_width="match_parent"
22              android:layout_height="0dp"
23              android:textSize="8pt"
24              android:textColor="#000000" />
25          <TextView
26              android:id="@+id/item_tv_time"
27              android:layout_width="match_parent"
28              android:layout_height="0dp"
29              android:layout_weight="1"
30              android:gravity="left|bottom"
31              android:textColor="#8f000000"
32              android:textSize="6pt" />
33      </LinearLayout>
34  </LinearLayout>
```

（2）在 Java 目录下新建一个包 model，用于存放各种数据模型类。在 model 目录下新建一个类 DataEntity，此类用于封装网络请求返回的数据，根据界面的要求显示数据在列表项中。

API 接口为 https://gank.io/api/data/Android/10/1，返回的 JSON 数据，具体代码如下。

```
1   {
2       "error": false,
3       "results": [
4           {
5               "_id": "5e61a9309d21227999c88270",
6               "createdAt": "2020-03-06T09:36:48.911Z",
7               "desc": "liveData 深入分析和实现事件 bug",
8               "publishedAt": "2020-03-06T09:38:20.565Z",
9               "source": "web",
10              "type": "Android",
```

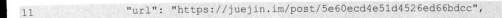

```
11                "url": "https://juejin.im/post/5e60ecd4e51d4526ed66bdcc",
```

```
15            {
16                "_id": "5e03fcc79d212207e200f0a4",
17                "createdAt": "2019-12-26T08:20:23.213Z",
18                "desc": "自定义文本控件，支持富文本，包含两种状态：编辑状态和预览状态。编辑状态中，可
以插入本地或者网络图片，可以同时插入多张有序图片和删除图片，支持图文混排，并且可以对文字内容进行加粗字体，
设置字体下画线，支持设置文字超链接（超链接支持跳转），支持字数和图片数量统计等简单操作，功能完善中……"
19                "images": [
20                    "http://img.gank.io/47e11fc4-d522-44a1-ba21-cd6cba4e22d8",
21                    "http://img.gank.io/fa4b83e8-03f6-4d04-8a3e-8db357cc9238",
22                    "http://img.gank.io/d8d62f1c-ebc0-4362-a23d-3adbdaf56d79",
23                    "http://img.gank.io/effcdf25-1a26-48dc-bee7-66374b0af1d5",
24                    "http://img.gank.io/9ac91b47-5778-4ce3-b534-34b6cd0f975d"
25                ],
26                "publishedAt": "2019-12-26T00:21:21.559Z",
27                "source": "web",
28                "type": "Android",
29                "url": "https://github.com/yangchong211/YCCustomText",
30                "used": true,
31                "who": "潇湘剑雨"
32            }
33        ]
34    }
```

根据返回的 JSON 数据，确定实体类的属性以及 get()和 set()方法，具体代码如下。

```
1   public class DataEntity {
2       private String id;
3       private String createdAt;
4       private String desc;
5       private String publishedAt;
6       private String source;
7       private String type;
8       private String url;
9       private boolean used;
10      private String who;
11      private List<String> images;//图片是个数组，用列表来存储
12
13      //通过 generate—>getter and setter 产生上述属性的 get()和 set()方法
14  }
```

（3）在 Java 目录下新建一个包 adapter，用于存放各种适配器类。在 adapter 目录下新建一个类 RecyclerViewAdapter，具体代码如下。

```
1   public class RecyclerViewAdapter extends RecyclerView.Adapter
<RecyclerViewAdapter.ViewHolder> {
2       private List<DataEntity> mListItem;
3       private Context mContext;
4
5       public RecyclerViewAdapter(Context context, List listItem){
6           this.mContext = context;
7           this.mListItem = listItem;
8       }
9
10      @NonNull
11      @Override
12      public RecyclerViewAdapter.ViewHolder onCreateViewHolder(@NonNull ViewGroup
parent, int viewType) {
```

```
13            View view = View.inflate(mContext,R.layout.item_data,null);
14            ViewHolder viewHolder = new ViewHolder(view);
15            return viewHolder;
16        }
17
18        @Override
19        public void onBindViewHolder(@NonNull RecyclerViewAdapter.ViewHolder
holder, int position) {
20            DataEntity entity = mListItem.get(position);
21
22            holder.mImageView.setImageResource(R.drawable.ic_launcher_background);
23            holder.mTextContent.setText(entity.getDesc());
24            holder.mTextDate.setText(entity.getCreatedAt());
25        }
26
27        @Override
28        public int getItemCount() {
29            return mListItem.size();
30        }
31
32        class ViewHolder extends RecyclerView.ViewHolder{
33            LinearLayout mLinearLayout;
34            ImageView mImageView;
35            TextView mTextContent;
36            TextView mTextDate;
37
38            public ViewHolder(@NonNull View itemView) {
39                super(itemView);
40                mLinearLayout = itemView.findViewById(R.id.item_linerlayout);
41                mImageView = itemView.findViewById(R.id.item_image);
42                mTextContent = itemView.findViewById(R.id.item_tv_content);
43                mTextDate = itemView.findViewById(R.id.item_tv_time);
44            }
45        }
46 }
```

（4）修改 MainActivity，添加 RecyclerView 和 Adapter 的内容，具体代码如下。

```
1   public class MainActivity extends AppCompatActivity {
2       private RecyclerView mRecyclerView;
3       private List<DataEntity> mListItem;
4       private RecyclerViewAdapter mAdapter;
5
6       @Override
7       protected void onCreate(Bundle savedInstanceState) {
8           super.onCreate(savedInstanceState);
9           setContentView(R.layout.activity_main);
10
11          mRecyclerView = (RecyclerView)findViewById(R.id.recyclerview) ;
12
13          mListItem = new ArrayList<>();
14          mAdapter = new RecyclerViewAdapter(this,mListItem);
15          GridLayoutManager layoutManager = new GridLayoutManager(this,1,RecyclerView.
VERTICAL,false);
16          mRecyclerView.setLayoutManager(layoutManager);
17          mRecyclerView.setAdapter(mAdapter);
18      }
19  }
```

（5）在 Terminal 中执行 git 的命令把使用 RecyclerView 显示列表页面的内容添加到 Git 仓

视 频 讲 解

```
2    git checkout 4-3
3    git add .
4    git commit -m '添加列表布局及适配器（RecyclerView）'
5    git push origin 4-3
```

5.4.4 页面中显示网络请求的数据

1. 知识点

（1）JSON 数据解析。

（2）Glide 图片加载库。

（3）Handler 消息机制。

2. 任务要求

（1）解析网络请求之后的 JSON 数据。

（2）使用 Glide 进行图片的加载。

（3）使用 Handler 更新页面中的数据。

3. 操作流程

（1）为了方便查看获取的网络请求的 JSON 数据，可以下载 Postman（https://www.postman.com/downloads/），安装后的操作界面如图 5-17 所示。

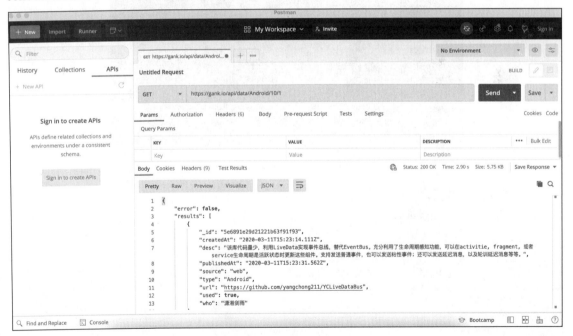

图 5-17　Postman 界面

当然也可以利用 Chrome 浏览器的一些插件来格式化 JSON 数据，如 FeHelper 插件（此插件也支持 Windows 10 操作系统自带的 Edge 浏览器），如图 5-18 所示。

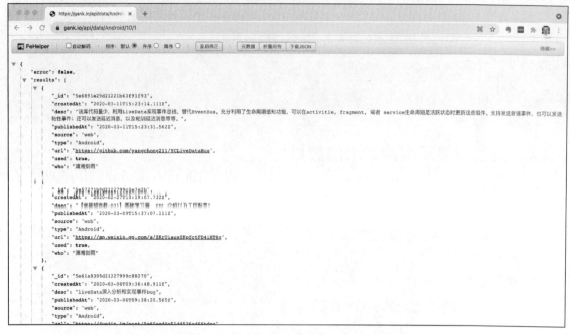

图 5-18　FeHelper（前端助手）插件界面

（2）分析上面的 JSON 数据，{}符号代表的是一个对象，[]符号代表的是一个数组，其他的就是基本数据类型，如字符串、布尔型、整数或浮点数。具体的方法如图 5-19 所示。

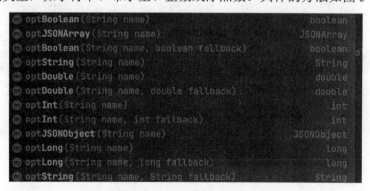

图 5-19　JSON 数据转换的方法

解析的 JSON 数据，具体代码如下。

```
1    //网络请求返回的 JSON 数据格式字符串
2    String body = response.body().string();
3    //把 JSON 字符串转换为一个 JSON 对象，有两个成员，error 是布尔型，results 是数组
4    JSONObject data = new JSONObject(body);
5    //由于 results 是数组，所以需要转换为 JSONArray
6    JSONArray results = data.optJSONArray("results");
7    //遍历 results 数组
8    for(int i=0;i<results.length();i++) {
9        //里面的元素都是{}代表的对象
10       JSONObject item = (JSONObject) results.get(i);
11       //对象里面的成员大部分都是基本数据类型（int、long、double、string、boolean），直接转换即可
12       String id = item.optString("_id");
13       String createAt = item.optString("createdAt");
14       String desc = item.optString("desc");
15       String publishedAt = item.optString("publishedAt");
```

```
16          String source = item.optString("source");
17          String type = item.optString("type");
```

```
21          //对象里面的images是[],代表是数组,需要将其转为JSONArray
22      JSONArray images = item.optJSONArray("images");
23      List<String> imageList = new ArrayList<>();
24      //由于JSON数据中不是所有的对象中都有images属性,所以添加一个条件判断
25      if (images != null) {
26          //遍历images数组
27          for (int j = 0; j < images.length(); j++) {
28              String image = (String) images.get(j);
29              imageList.add(image);
30          }
31      }
32  }
```

（3）由于在列表页面中用到了 ImageView 控件，可以使用 Glide 进行图片的加载和展示。

① 选择 app→build.gradle 命令，并在里面添加 Glide 的依赖，具体代码如下。

```
1   implementation 'com.github.bumptech.glide:glide:4.9.0'
```

② 修改 adapter 包下面的 RecyclerViewAdapter 类中的 onBindViewHolder()方法，具体代码如下。

```
1       @Override
2       public void onBindViewHolder(@NonNull RecyclerViewAdapter.ViewHolder holder,
int position) {
3           DataEntity entity = mListItem.get(position);
4
5               holder.mImageView.setImageResource(R.drawable.ic_launcher_background);
6           if(entity.getImages().size()==0){//判断是否有image
7               holder.mImageView.setImageResource(R.drawable.ic_launcher_background);
8           }else{//由于images中的图片可能有多个,这里默认选取第一张图片
9               Glide.with(mContext).load(entity.getImages().get(0)).into(holder.
mImageView);
10          }
11          holder.mTextContent.setText(entity.getDesc());
12          holder.mTextDate.setText(entity.getCreatedAt());
13      }
```

（4）向服务器端发送网络请求拿到 JSON 数据并进行解析之后，需要利用 Handler 把数据传递给主线程来更新 UI 界面。修改 MainActivity，具体代码如下。

```
1   public class MainActivity extends AppCompatActivity {
2       private RecyclerView mRecyclerView;
3       private List<DataEntity> mListItem;
4       private RecyclerViewAdapter mAdapter;
5       private Handler mHandler;
6
7       @Override
8       protected void onCreate(Bundle savedInstanceState) {
9           super.onCreate(savedInstanceState);
10          setContentView(R.layout.activity_main);
11
12          mRecyclerView = (RecyclerView)findViewById(R.id.recyclerview) ;
13
14          mListItem = new ArrayList<>();
15          mAdapter = new RecyclerViewAdapter(this,mListItem);
```

```
16          GridLayoutManager layoutManager = new GridLayoutManager(this,1,RecyclerView.
VERTICAL,false);
17          mRecyclerView.setLayoutManager(layoutManager);
18          mRecyclerView.setAdapter(mAdapter);
19
20          //消息的处理
21          mHandler = new Handler(){
22              @Override
23              public void handleMessage(@NonNull Message msg) {
24                  super.handleMessage(msg);
25                  switch (msg.what){
26                      case 1:
27                          mListItem.clear();
28                          mListItem.addAll((List<DataEntity>) msg.obj);
29                          mAdapter.notifyDataSetChanged();
30                          break;
31                  }
32              }
33          };
34
35          getRequestData(1);//调用网络请求
36      }
37      //获取网络请求的数据，并进行解析
38      private void getRequestData(int page){
39          String url = "https://gank.io/api/data/Android/10/"+page;
40          OkHttpUtil.getInstance().sendGetRequest(url, new OkHttpUtil.OkHttpInterface() {
41              @Override
42              public void failure(Call call, IOException e) {
43                  runOnUiThread(new Runnable() {
44                      @Override
45                      public void run() {
46                          Toast.makeText(MainActivity.this,"拿取数据失败",Toast.LENGTH
LONG).show();
47                      }
48                  });
49              }
50
51              @Override
52              public void success(Call call, Response response) {
53                  try {
54                      String body = response.body().string();
55                      //把JSON字符串转换为一个JSON对象，有两个成员，error是布尔型，results是数组
56                      JSONObject data = new JSONObject(body);
57                      //由于results是数组，所以需要转换为JSONArray
58                      JSONArray results = data.optJSONArray("results");
59                      //实体类列表，list控件的数据源
60                      List<DataEntity> list = new ArrayList<>();//
61                      //遍历results数组
62                      for(int i=0;i<results.length();i++) {
63                          //里面的元素都是{}代表的对象
64                          JSONObject item = (JSONObject) results.get(i);
65                          //对象里面的成员大部分都是基本数据类型（int、long、double、string、
boolean），直接转换即可
66                          String id = item.optString("_id");
67                          String createAt = item.optString("createdAt");
68                          String desc = item.optString("desc");
69                          String publishedAt = item.optString("publishedAt");
```

```
70          String source = item.optString("source");
71          String type = item.optString("type");
72          String url = item.optString("url");
```

```
76          JSONArray images = item.optJSONArray("images");
77          List<String> imageList = new ArrayList<>();
78          //由于 JSON 数据中不是所有的对象中都有 images 属性，所以添加一个条件判断
79          if (images != null) {
80              //遍历 images 数组
81              for (int j = 0; j < images.length(); j++) {
82                  String image = (String) images.get(j);
83                  imageList.add(image);
84              }
85          }
86          //新建数据模型实体类，把解析后的数据封装到实体对象中
87          DataEntity entity = new DataEntity();
88          entity.setId(id);
89          entity.setCreatedAt(createAt);
90          entity.setDesc(desc);
91          entity.setPublishedAt(publishedAt);
92          entity.setSource(source);
93          entity.setType(type);
94          entity.setUrl(url);
95          entity.setUsed(used);
96          entity.setWho(who);
97          entity.setImages(imageList);
98          //添加到实体类列表中
99          list.add(entity);
100
101         //消息的实体，保存要传递的数据
102         Message msg = new Message();
103         msg.what = 1;
104         msg.obj = list;
105         //消息的发送
106         mHandler.sendMessage(msg);
107      }
108  } catch (Exception e) {
109      e.printStackTrace();
110  }
111      }
112  });
113  }
114 }
```

　　上述代码 21 行到 33 行以及 102 行到 106 行是利用 Handler 消息机制来更新 UI，代码 43 行到 48 行讲解了另外一种方法 runOnUiThread() 来处理主线程和子线程之间的通信，通过 Toast 显示提示信息来更新 UI，处理网络请求失败的情况。

　　（5）在 Terminal 中执行 git 的命令把网络请求的 JSON 数据展示在列表页面的内容添加到 git 仓库并推送到远程仓库，使用的分支为 4-4，代码如下。

```
1    git branch 4-4
2    git checkout 4-4
3    git add .
4    git commit -m '请求数据展示在列表页面'
5    git push origin 4-4
```

5.4.5 页面的下拉刷新及上拉加载

1. 知识点

SwipeRefreshLayout 控件。

2. 任务要求

（1）实现列表页面的下拉刷新。

（2）实现列表页面的上拉加载。

3. 操作流程

（1）选择 app→build.gradle 命令，并在里面添加 SwipeRefreshLayout 的依赖，具体代码如下。

```
1    implementation "androidx.swiperefreshlayout:swiperefreshlayout:1.0.0"
```

修改 activity_main.xml 文件，把里面的 LinearLayout 修改为 SwipeRefreshLayout。具体代码如下。

```
1    <?xml version="1.0" encoding="utf-8"?>
2    <androidx.constraintlayout.widget.ConstraintLayout xmlns:android="http://schemas.
android.com/apk/res/android"
3        xmlns:tools="http://schemas.android.com/tools"
4        android:layout_width="match_parent"
5        android:layout_height="match_parent"
6        tools:context=".MainActivity">
7
8        <androidx.swiperefreshlayout.widget.SwipeRefreshLayout
9            android:id="@+id/swiper_refresh_layout"
10           android:layout_width="match_parent"
11           android:layout_height="match_parent">
12           <androidx.recyclerview.widget.RecyclerView
13               android:layout_width="wrap_content"
14               android:layout_height="wrap_content"
15               android:id="@+id/recyclerview"
16               android:layout_margin="10dp">
17           </androidx.recyclerview.widget.RecyclerView>
18       </androidx.swiperefreshlayout.widget.SwipeRefreshLayout>
19   </androidx.constraintlayout.widget.ConstraintLayout>
```

（2）修改 MainActivity，添加下拉刷新的功能，并优化代码，具体代码如下。

```
1    public class MainActivity extends AppCompatActivity {
2        private RecyclerView mRecyclerView;
3        private List<DataEntity> mListItem;
4        private RecyclerViewAdapter mAdapter;
5        private Handler mHandler;
6        private SwipeRefreshLayout mSwipeRefreshLayout;
7        //消息的类型，分别为初始状态、下拉刷新状态、上拉加载状态
8        private final int MSG_TYPE_INIT = 0x11;
9        private final int MSG_TYPE_REFRESH = 0x12;
10       private final int MSG_TYPE_LOADING = 0x13;
11       //网络请求数据的页码，默认是第 1 页
12       private int page = 1;
13
14       @Override
15       protected void onCreate(Bundle savedInstanceState) {
16           super.onCreate(savedInstanceState);
```

```
17              setContentView(R.layout.activity_main);
18
19              initView();//调用初始化 View 的方法
20
21              //消息的处理
25                  super.handleMessage(msg);
26                  switch (msg.what){
27                      case MSG_TYPE_INIT:
28                          mListItem.clear();//清除原有的数据
29                          mListItem.addAll((Collection<? extends DataEntity>) msg.obj);
30                          mAdapter.notifyDataSetChanged();
31                          break;
32                      case MSG_TYPE_REFRESH:
33                          mListItem.clear();//清除原有的数据
34                          mListItem.addAll((Collection<? extends DataEntity>) msg.obj);
35                          mAdapter.notifyDataSetChanged();
36                          mSwipeRefreshLayout.setRefreshing(false);//设置刷新状态为 false
37                          break;
38                  }
39              }
40          };
41
42          getRequestData(MSG_TYPE_INIT,page);//调用网络请求，默认为初始状态的类型
43      }
44
45
46      //初始化 View 方法
47      private void initView(){
48          mRecyclerView = findViewById(R.id.recyclerview) ;
49
50          mListItem = new ArrayList<>();
51          mAdapter = new RecyclerViewAdapter(this,mListItem);
52          GridLayoutManager layoutManager = new GridLayoutManager(this,1,RecyclerView.
VERTICAL,false);
53          mRecyclerView.setLayoutManager(layoutManager);
54          mRecyclerView.setAdapter(mAdapter);
55
56          mSwipeRefreshLayout = findViewById(R.id.swiper_refresh_layout);
57          //设置下拉进度条的颜色主题
58          mSwipeRefreshLayout.setColorSchemeColors(Color.RED);
59          //设置下拉进度条的背景颜色
60          mSwipeRefreshLayout.setProgressBackgroundColorSchemeColor(Color.BLUE);
61          //设置手指在屏幕下拉多少距离会触发下拉刷新
62          mSwipeRefreshLayout.setDistanceToTriggerSync(300);
63          //设置圆圈的大小
64          mSwipeRefreshLayout.setSize(SwipeRefreshLayout.LARGE);
65          //设置下拉刷新的监听事件
66          mSwipeRefreshLayout.setOnRefreshListener(new SwipeRefreshLayout.
OnRefreshListener() {
67              @Override
68              public void onRefresh() {
69                  getRequestData(MSG_TYPE_REFRESH,page);//调用网络请求，类型为下拉刷新的状态
70              }
71          });
72      }
73
74      //获取网络请求的数据，并进行解析
```

```
75      private void getRequestData(final int msgType,int page){
76          String url = "https://gank.io/api/data/Android/10/"+page;
77          OkHttpUtil.getInstance().sendGetRequest(url, new OkHttpUtil.OkHttpInterface() {
78              @Override
79              public void failure(Call call, IOException e) {
80                  //......省略之前已有的代码
81              }
82
83              @Override
84              public void success(Call call, Response response) {
85                  try {
86                      //......省略之前已有的代码
87
88                      //消息的实体, 保存要传递的数据
89                      Message msg = new Message();
90                      msg.what = msgType;//不同的消息类型状态
91                      msg.obj = list;
92                      //消息的发送
93                      mHandler.sendMessage(msg);
94                  }
95              } catch (Exception e) {
96                  e.printStackTrace();
97              }
98          }
99      });
100     }
101 }
```

上述代码 8 行到 10 行设置 3 个常量，分别代表 3 种不同的消息类型：初始状态、下拉刷新状态、上拉加载状态；然后在 getRequestData()方法中新增了一个参数：消息类型，赋值给 msg.what，这样 Hanlder 在信息处理时可以根据不同的类型进行相应的处理，具体可查看代码 22 行到 40 行代码。同时优化了代码，把 View 的处理封装进了一个方法：initView()（代码 46 行到 72 行），并添加了使用 SwipeRefreshLayout 实现下拉刷新的功能（代码 55 行到 71 行）。

（3）在列表的操作中，除了下拉刷新之后还有上拉加载，SwipeRefreshLayout 只实现了下拉刷新功能，上拉加载需要自定义实现。上拉加载的核心是分页的思想，也就是服务器端的数据有分页功能，加载大量的数据时，不需要一次全部加载完毕，而是首先加载一部分，当上拉的时候，加载后面的数据（页码的增加）。

上拉加载的实现可以借助 RecyclerView 的 addOnScrollListener()方法，给 RecyclerView 添加一个滑动监听事件，滑动监听器 RecyclerView.OnScrollListener 有两个方法：onScrollStateChanged()和 onScrolled()，前者在滑动状态改变时被调用，后者在滑动完成后被调用；可以重写 onScrollStateChanged()方法添加网络请求新数据的代码。

滑动状态有以下 3 种状态。

❖ RecyclerView.SCROLL_STATE_IDLE：屏幕停止滚动。

❖ RecyclerView.SCROLL_STATE_DRAGGING：屏幕在滚动。

❖ RecyclerView.SCROLL_STATE_SETTLING：屏幕自动滚动。

需要在 MainActivity 的 initView()方法中添加下拉加载的监听事件处理代码，同时在 onCreate()方法中 Handler 处理消息的 switch 语句中添加下拉加载状态的 case 情况处理，具体代码如下。

```
1   @Override
2   protected void onCreate(Bundle savedInstanceState) {
3       super.onCreate(savedInstanceState);
```

```
4            setContentView(R.layout.activity_main);
5
6            initView();//调用初始化 View 的方法
7
8            //消息的处理
9            mHandler = new Handler(){
13               switch (msg.what){
14                   case MSG_TYPE_INIT:
15                       mListItem.clear();//清除原有的数据
16                       mListItem.addAll((Collection<? extends DataEntity>) msg.obj);
17                       mAdapter.notifyDataSetChanged();
18                       break;
19                   case MSG_TYPE_REFRESH:
20                       mListItem.clear();//清除原有的数据
21                       mListItem.addAll((Collection<? extends DataEntity>) msg.obj);
22                       mAdapter.notifyDataSetChanged();
23                       mSwipeRefreshLayout.setRefreshing(false);//设置刷新状态为false
24                       break;
25                   case MSG_TYPE_LOADING:
26                       //上拉加载不需要清空原有的数据
27                       mListItem.addAll((Collection<? extends DataEntity>) msg.obj);
28                       mAdapter.notifyDataSetChanged();
29                       break;
30               }
31           }
32       };
33
34       getRequestData(MSG_TYPE_INIT,page);//调用网络请求，默认为初始状态的类型
35   }
36
37   //初始化 View 方法
38   private void initView(){
39       //......省略代码
40       //设置下拉刷新的监听事件
41       mSwipeRefreshLayout.setOnRefreshListener(new SwipeRefreshLayout.
OnRefreshListener() {
42           @Override
43           public void onRefresh() {
44               getRequestData(MSG_TYPE_REFRESH,page);//调用网络请求，类型为下拉刷新的状态
45           }
46       });
47
48       //设置下拉加载的监听事件
49       mRecyclerView.addOnScrollListener(new RecyclerView.OnScrollListener() {
50           @Override
51           public void onScrollStateChanged(@NonNull RecyclerView recyclerView,
int newState) {
52               super.onScrollStateChanged(recyclerView, newState);
53               //得到 RecyclerView 的 LayoutManager
54               GridLayoutManager gridLayoutManager = (GridLayoutManager)
recyclerView.getLayoutManager();
55
56               if(newState == RecyclerView.SCROLL_STATE_IDLE){
57                   int lastVisibleItem = gridLayoutManager.
findLastVisibleItemPosition();
58                   //得到总的 item 数量
59                   int count = gridLayoutManager.getItemCount();
```

```
60              //判断是否是当前子项的最后一个，即是否需要进行加载数据
61              if(lastVisibleItem == (count - 1)){
62                  page++;//页码加 1
63                  getRequestData(MSG_TYPE_LOADING,page);//重新请求新的数据
64              }
65          }
66      }
67  });
68  }
```

（4）在 Terminal 中执行 git 的命令把列表页面下拉刷新上拉加载的内容添加到 Git 仓库并推送到远程仓库，使用的分支为 4-5，具体代码如下。

```
1  git branch 4-5
2  git checkout 4-5
3  git add .
4  git commit -m '列表页面下拉刷新上拉加载'
5  git push origin 4-5
```

5.1.6 列表项的单击及 Web 页面的展示

1. 知识点

（1）RecyclerView 控件。

（2）WebView 控件。

2. 任务要求

（1）实现 RecyclerView 中列表项的单击事件。

（2）使用 WebView 控件展示 Web 页面。

3. 操作流程

（1）在第 3 章的内容中讲解了 RecyclerView 的单击事件，虽然 RecyclerView 不像 ListView 控件有 setOnItemClickListener()这样的列表项单击监听器方法，不过可以借助 Adapter 来处理，并且相当灵活，不仅可以针对整个列表项，还可以针对列表项中的某个控件添加单击事件的处理。

修改 RecyclerViewAdapter，添加新的代码，具体代码如下（省略了之前的代码）。

```
1  public class RecyclerViewAdapter extends RecyclerView.Adapter<RecyclerViewAdapter.
ViewHolder> {
2      //......省略代码
3      //声明自定义的监听接口
4      private RecyclerViewOnClickListener mRecyclerViewOnClickListener;
5
6      //......省略代码
7
8      @NonNull
9      @Override
10     public RecyclerViewAdapter.ViewHolder onCreateViewHolder(@NonNull ViewGroup
parent, int viewType) {
11         View view = View.inflate(mContext, R.layout.item_data,null);
12         ViewHolder viewHolder = new ViewHolder(view);
13         //针对列表项中的 LinearLayout 添加单击事件，LinearLayout 里面包含的内容是右边的文本，不包
含左边的图片控件
14         //如果事件源是列表项中的其他控件，更改 mLinearLayout 即可
15         viewHolder.mLinearLayout.setOnClickListener(new View.OnClickListener() {
16             @Override
17             public void onClick(View view) {
```

```
18                int position = viewHolder.getAdapterPosition();
19                mRecyclerViewOnClickListener.onClick(view,position);
20            }
21        });
22        return viewHolder;
23    }
```
```
25        //      省略代码
```

```
29        ImageView mImageView;
30        TextView mTextContent;
31        TextView mTextDate;
32
33        public ViewHolder(@NonNull View itemView) {
34            super(itemView);
35            mLinearLayout = itemView.findViewById(R.id.item_linerlayout);
36            mImageView = itemView.findViewById(R.id.item_image);
37            mTextContent = itemView.findViewById(R.id.item_tv_content);
38            mTextDate = itemView.findViewById(R.id.item_tv_time);
39        }
40    }
41
42    //自定义一个回调的监听接口
43    public interface RecyclerViewOnClickListener{
44        void onClick(View view , int position);
45    }
46
47    //提供 set()方法供 Activity 或 Fragment 调用
48    public void setRecyclerViewClickListener(RecyclerViewOnClickListener
recyclerViewClickListener){
49        this.mRecyclerViewOnClickListener = recyclerViewClickListener;
50    }
51 }
```

上述代码中添加了一个回调监听的接口 RecyclerViewOnClickListener（代码 43 行到 45 行），同时提供了一个 setRecyclerViewClickListener()方法供 Activity 或 Fragment 调用（代码 48 行到 50 行）。

然后修改 MainActivity，在 initView()方法中添加单击事件，具体代码如下。

```
1    //初始化 View 方法
2    private void initView(){
3        //......省略代码
4
5        //设置下拉加载的监听事件
6        mRecyclerView.addOnScrollListener(new RecyclerView.OnScrollListener() {
7            //......省略代码
8        });
9
10        //RecyclerView 的单击事件
11        mAdapter.setRecyclerViewClickListener(new RecyclerViewAdapter.
RecyclerViewOnClickListener() {
12            @Override
13            public void onClick(View view, int position) {
14                switch (view.getId()){
15                    case R.id.item_linerlayout:
16                        Intent intent = new Intent(MainActivity.this,WebActivity.
class);
17                        intent.putExtra("url",mListItem.get(position).getUrl());
```

```
18                          startActivity(intent);
19                      }
20                  }
21          });
22  }
```

上述代码 11 行到 21 行调用了适配器的 setRecyclerViewClickListener()的方法，在这个方法中进行了页面的跳转，跳转到了新的 Activity：WebActivity，在跳转的同时传递了 URL。

（2）在 java 目录下面新建一个 Empty Activity：WebActivity，通过 WebView 控件显示 MainActivity 传递过来的 URL 所展示的 Web 页面。

在 activity_web.xml 布局文件中添加 WebView 控件，具体代码如下。

```
1   <?xml version="1.0" encoding="utf-8"?>
2   <androidx.constraintlayout.widget.ConstraintLayout xmlns:android="http://schemas.
    android.com/apk/res/android"
3       xmlns:app="http://schemas.android.com/apk/res-auto"
4       xmlns:tools="http://schemas.android.com/tools"
5       android:layout_width="match_parent"
6       android:layout_height="match_parent"
7       tools:context=".WebActivity">
8       <WebView
9           android:id="@+id/webView"
10          android:layout_width="match_parent"
11          android:layout_height="match_parent">
12      </WebView>
13
14  </androidx.constraintlayout.widget.ConstraintLayout>
```

然后修改 WebActivity，具体代码如下。

```
1   public class WebActivity extends AppCompatActivity {
2       private WebView mWebView;
3
4       @Override
5       protected void onCreate(Bundle savedInstanceState) {
6           super.onCreate(savedInstanceState);
7           setContentView(R.layout.activity_web);
8           mWebView = (WebView) findViewById(R.id.webView);
9           String url = getIntent().getStringExtra("url");
10          mWebView.loadUrl(url);
11          mWebView.getSettings().setJavaScriptEnabled(true);
12      }
13  }
```

（3）在 Terminal 中执行 git 的命令把 RecyclerView 列表项的单击事件及 WebView 的内容添加到 Git 仓库并推送到远程仓库，使用的分支为 4-6，具体代码如下。

```
1   git branch 4-6
2   git checkout 4-6
3   git add .
4   git commit -m 'RecyclerView单击事件及WebView'
5   git push origin 4-6
```

5.5 小　结

本章首先讲解了版本控制工具 Git 的使用，然后又讲解了 Android 网络请求的两个方式：HttpURLconnection 和 OkHttp，接下来讲解了 Handler 消息机制——子线程更新主线程 UI，同时讲解了图片加载库 Glide，随后讲解了 SwipeRefreshLayout 下拉刷新控件和 WebView 控件。最后通过一个项目串联了本章所讲的知识以及之前章节所讲解的 RecyclerView 控件和 JSON 数据解析，特别是在项目中使用了 Git 的分支管理，让读者对 Git 的使用有了更深层次的理解。

　　通过本章的学习，想必读者一定对开发中的网络请求以及数据的解析渲染有了自己的思路。

5.6　习　　题

2. git pull 和 git fetch 有什么区别？

3. OkHttp 的使用步骤是什么？

4. 什么是 Handler？为什么要使用 Handler？

5. Handler 的使用步骤是什么？

6. 简述 SwipeRefreshLayout 实现下拉刷新的步骤。

7. 登录网址 https://binaryify.github.io/NeteaseCloudMusicApi/#/，单击 GitHub 按钮进入网易云音乐 API 的页面，按照文档要求复制项目并安装运行（前提是需要先行安装 Node.js），把项目部署在自己电脑上（API 的 IP 地址就是 127.0.0.1），如果有云服务器建议部署在云服务器端，API 的 IP 地址查看云服务器的公网 IP。单击 Get Started 按钮查看 API 的文档，首先根据歌手分类列表接口：IP 地址:端口号/artist/list 列表显示歌手的信息（可以获取歌手的 ID）；然后单击歌手的名字，根据获取歌手热门 50 首歌曲接口：IP 地址:端口号/artist/top/song?id=歌手 id 列表显示此歌手的热门歌曲（可以获取歌曲的 ID）；最后单击歌曲，根据获取音乐 URL 接口：IP 地址:端口号/song/url?id=歌曲 id 结合着第 4 章的音频、视频播放的内容播放歌曲。